云南高原山地森林城市建设研究

——以弥勒市为例

彭建松 主编

科学出版社

北 京

内 容 简 介

本书以云南省弥勒市为研究案例,在分析弥勒市生态资源禀赋、经济社会发展状况和历史文化特点的基础上,借鉴国内外森林城市创建的典型经验,结合弥勒市多年来对城市长远发展问题的战略思考,经反复整理、分析、提炼、归纳,明确提出弥勒市森林城市建设的发展目标、总体布局、重点工程和保障措施,形成弥勒市森林城市建设规划。

本书行文简洁,内容丰富,是一本操作性较强的森林城市建设规划,理论与实践相结合的参考书,适用于从事森林城市建设的各级管理人员、建筑设计师、城乡规划师和广大群众阅读,也可作为相关专业人员的参考书或师生的辅助教材。

图书在版编目(CIP)数据

云南高原山地森林城市建设研究:以弥勒市为例/彭建松主编. —北京:科学出版社,2020.6
　ISBN 978-7-03-054807-8

Ⅰ.①云…　Ⅱ.①彭…　Ⅲ.①山地-城市林-建设-研究-弥勒县　Ⅳ.①S731.2

中国版本图书馆 CIP 数据核字 (2017) 第 250444 号

责任编辑:张　展　刘　琳 / 责任校对:彭　映
责任印制:罗　科 / 封面设计:墨创文化

科学出版社 出版

北京东黄城根北街16号
邮政编码:100717
http://www.sciencep.com

成都锦瑞印刷有限责任公司印刷

科学出版社发行　各地新华书店经销

*

2020 年 6 月第 一 版　　开本:787×1092 1/16
2020 年 6 月第一次印刷　　印张:9 3/4
字数:240 000

定价:98.00 元
(如有印装质量问题,我社负责调换)

《云南高原山地森林城市建设研究——以弥勒市为例》

编　委

前　言

　　弥勒市位于以昆明为中心的滇中经济圈和个开蒙经济区的交接点，处于昆明"一小时经济圈"内，受云南省经济最发达地区滇中地区的第一圈层辐射，起到联系滇中经济区和滇东南经济区的作用。弥勒市位于云南省连接越南的国际大通道昆河经济带的核心地带，是仅次于滇南中心城市的发展中心。弥勒市地处云南省东南部、红河哈尼族彝族自治州北部。地理坐标介于 E103°04′～103°49′，N23°50′～24°39′。市境南北长约78km，东西宽约50km，国土面积4004km²。北依昆明市石林县、南接红河州开远市、东邻文山州丘北县、西连玉溪市华宁县，处于昆明、个旧、开远三个城市和滇中滇南两个经济区的结合部，是红河州的北大门。弥勒市下辖弥阳镇、新哨镇、竹园镇、朋普镇、虹溪镇、巡检司镇、西一镇、西二镇、西三镇、东山镇、五山乡、江边乡10镇2乡，居住着汉、彝、苗、回、壮等21个民族，是一个多民族聚居的县级市。弥勒市先后获得"国家园林县城""国家智慧城市试点""国家卫生城市""中国最佳文化生态旅游目的地""全国最具投资潜力中小城市百强市"等多项殊荣。

　　20世纪80年代以来，弥勒市委、市政府高度重视生态环境建设，通过实施封山育林、植树造林、退耕还林、低效林改造、森林质量提升等林业工程以提高森林资源质量，实现了森林覆盖率、林地面积、森林面积和蓄积量等森林资源数量指标总体上连续增长，森林质量明显提升。通过实施城乡绿化三年攻坚行动、森林弥勒、美丽弥勒等生态工程建设，使得弥勒城市生态系统日臻完善。截至2016年，弥勒市市域森林覆盖率为41.59%，城市建成区绿化覆盖率44.48%，城市人均公园绿地面积14.91m²。

　　站在生态文明建设和绿色发展新的历史起点上，弥勒市委、市政府深入贯彻落实习总书记考察云南重要讲话精神和对林业工作的"四个着力"要求，按照省委、省政府"争当全国生态文明建设排头兵"的部署，坚持"绿水青山就是金山银山"的发展理念，遵循"生态立市"的总体要求，紧密结合城镇人居环境改善的新需求和城乡居民对生态环境提升的新期待，以创建国家森林城市为契机，提出了建设"南盘江岸绿珠　红土高原福地"的生态建设发展目标。弥勒市森林城市建设，既是改善城乡人居环境和打造城市品牌的必然要求，也是扩充城市生态容量、提升弥勒市新型城镇化质量的重要抓手，将进一步提升弥勒市的生态文明建设水平。

　　为了更好地实现创建国家森林城市的目标，确保创森工作顺利开展，弥勒市政府成立了以市委书记为指挥长、市长为常务副指挥长的创建国家森林城市指挥部。2016年11月，弥勒市林业局委托西南林业大学编制《弥勒市国家森林城市建设总体规划》。西南林业大学接受委托后，与弥勒市共同成立了"弥勒市国家森林城市建设总体规划"项目组，并于 2016 年 11 月、12 月及 2017 年 2 月，分三次开展集中资料收集和实地调研工作。项目组在与红河州及弥勒市两级党委、政府及各有关部门充分沟通、协调的基础上，按照《国家森林城市评价指标》的要求，在分析弥勒市生态资源禀赋、经济社会发展状况和历史文化特点的基础上，借鉴国内外森林城市创建的典型经验，结合弥勒市多年来对城市长远发展问题的战略思考，经反复整理、分析、提炼、归纳，明确提出弥勒市森林城市建设的发展目标、总体布局、重点工程和保障措施，形成本规划。

本书凝聚了弥勒市党委、政府对弥勒市长远发展的谋划和思索，凝聚了弥勒市人民对城市生态与环境建设的期盼。在编写过程中，项目组得到了国家林业局宣传办、云南省林业厅宣传中心、红河州林业局、红河州住建局、红河州环保局及弥勒市林业、住建、规划、发改、财政、国土、旅游、农业、水利、交通、环保、宣传、统计等相关部门及各街道、乡镇党委、政府的指导、支持和帮助，在此，对支持和帮助本书编写的领导和同仁表示诚挚的谢意！

编者

2017 年 11 月

目　　录

第1章 项目建设背景及意义

1.1 国内外森林城市建设的启示

经过改革开放三十多年快速发展，我国已经成为世界第二大经济体。在取得巨大发展成就的同时，也必须清醒认识到，我国经济社会发展也付出了巨大的资源环境代价，出现了一些严重的生态环境危机，主要包括森林大面积消失、土地沙漠化扩展、湿地不断退化、物种加速灭绝、水土严重流失等。这种高速发展是在一定程度上以牺牲一代人甚至几代人的健康为代价的。虽然国家和地方采取了很多预防和治理措施，但由于生产方式粗放，产业结构不合理，经济发展速度超过资源环境承载能力，环境保护与经济发展严重不平衡，环境污染影响超过环境治理效应等原因，环境污染导致的人群健康损害事件仍然频繁发生。据世界银行测算，中国空气和水污染造成的损失要占到当年 GDP 的8%；中科院测算，环境污染使我国发展成本比世界平均水平高 7%，环境污染和生态破坏造成的损失占到 GDP 的 15%；环保总局的生态状况调查表明，仅西部 9 省区生态破坏造成的直接经济损失占到当地 GDP 的 13%。

创建国家森林城市，是借鉴发达国家经验，适应我国国情和发展阶段，推进城乡生态建设的一种实践创新，是推进国家生态文明试验区建设的一项重要举措。2004 年，在全国关注森林活动组委会的倡导下，国家林业局启动国家森林城市创建活动，通过大力发展城乡森林绿地，弘扬生态文明理念，为我国城市经济社会科学发展提供良好的生态支撑。到目前为止，全国已有 118 个城市成功创建为国家森林城市，其中包括云南省昆明市、普洱市，为弥勒市开展森林城市创建提供了很好的经验。

1.1.1 建立健全规章制度保障森林城市建设

20 世纪 70 年代，美国将城市森林隶属于农业部水务局管理，并完善法律内容，解决植树技术和资金方面的问题。另外，建立了林业基金专户，成立全国性的城市和社区森林改进委员会，专款专用保障城市森林计划的实施。苏联也制定了完善的政策，保障城市森林建设与城市总体规划和建设步伐一致。

城市森林是以人为活动为中心的人工生态环境，与其他森林相比，城市森林更易受到各种不良因素的影响。建立健全各项法律法规和管理规范，强化城市森林法律意识，规范管理城市森林。同时，在行政管理体制上协调好林业和城建园林的关系，把原本分属于林业部门和园林部门管理的郊区森林和城区绿化进行统一规范化管理，真正做到依法治绿。

1.1.2   科学规划，将城市森林建设纳入城市建设的整体规划中

科学编制城市森林建设规划，能最大限度发挥城市森林的生态效能，节约建设的成本，提高城市的综合功能。城市森林建设应与城市总体规划相适应，纳入城市经济社会发展总目标，成为城市发展总体规划的组成部分，同步规划，协调发展。美国在20世纪70年代，制定了法律，正式将城市森林隶属于农业部林务局管理，并完善了法律内容，解决了市民植树技术和资金方面的困难。1990年，美国农业部建立了林业基金专户，以保证城市森林计划的顺利实施，还成立了全国性的城市和社区森林改进委员会，拨专款促进城市森林计划的实施。前苏联于20世纪六七十年代就完成了经营城市林和市郊林的规划体系，目前仅莫斯科就有11个天然林区、84个公园、720个街道公园、100个街心公园，这些森林和绿地总面积占市区面积的40%。

1.1.3   因地制宜，运用近自然森林理念指导森林城市建设

本着因地制宜的原则，结合城市地理位置、地域特色、气候条件、经济社会发展状况等，综合分析，制定切实可行、适合本地特色的森林城市建设模式。同时，强调近自然森林的建设理念，模拟当地自然生态系统，构建以乡土乔、灌木为主体，花草点缀、分布合理、景观优美的城市森林生态系统，增强城市森林的高效性、稳定性、健康性和经济性。

城市森林建设的根本任务就是要改善城市生态环境和满足人们贴近自然的需求，近自然林模式以当地乡土树种为主要经营对象，在人工辅助下，使林分能够在近自然的环境中，保持森林生物群落的动态平衡和森林的可持续发展。目前，美国、英国、加拿大等许多国家的城市森林建设都体现了近自然林理念，一方面加强对原生森林植被的保护，另一方面多采用乡土树种营造森林，形成近自然的森林群落。

1.1.4   形成城市内外一体的森林生态系统

城市森林是面向整个市域范围的森林生态系统建设，要形成相互连通、布局合理的空间格局，才能在市域尺度上发挥整体功能。从目前城市森林建设比较好的国外城市来看，城市森林在城市地域空间分布比较均衡，形成了城市内外一体的森林生态系统。如俄罗斯的莫斯科、法国的巴黎、加拿大的温哥华、美国的华盛顿和挪威的奥斯陆等城市，从郊区到市区，整个城市掩映在森林中，既有大面积的森林公园，也有宽阔的绿化廊道把公园连接起来，形成了城市坐落于森林中的生态发展格局。

1.1.5　注重城市森林生物多样性的保护

城市森林作为城市生态系统的主体，在维持生物多样性方面具有重要作用。人口密集的城市化地区，森林、湿地等自然景观资源破碎化问题是造成该地区生物多样性丧失的重要原因之一。而城市森林作为城市生态系统的主体，既是一些物种重要的栖息地，也是许多鸟类等动物迁徙的驿站，在维持本地区生物多样性和大区域生物多样性保护方面都发挥着重要作用。因此，欧美许多国家在城市建设包括城市外扩、道路建设等方面都非常重视保留重要的森林、湿地资源，建设足够宽的自然生物廊道，甚至通过人为架桥建设自然林带，把被道路分割的林地连接起来，为动植物迁移提供走廊。同时，外来物种的大量引入也对本地区生态系统稳定和生物多样性保护带来威胁。因此，许多城市在绿化建设过程中非常注意本地乡土树种的使用与保护，从而使整个城市森林生态系统的主体具有地带性植被特征，保证森林生态系统的健康稳定。

1.1.6　河岸植被得到很好保护，水岸绿化贴近自然

城市河流、湖泊等水体是城市生态环境的重要保障，河岸林既是河流生态系统的重要组成部分，也是城市景观的亮点。这一地带的土地既有重要的生态保护价值，也有巨大的商业开发价值，往往成为土地开发矛盾的焦点。国外许多城市在城市发展中非常注重沿河植被、自然景观的保护。在莫斯科、温哥华、多伦多、华盛顿、布达佩斯等许多欧美国家的城市，河岸森林植被得到了很好的保护，形成了林水结合的自然景观带，有效地发挥了保护河流、连接城市内外森林、湿地的生态廊道功能，即使是对游憩型水岸的处理也非常注重绿化贴近自然。在多伦多市，穿过市区的3个主要河流的所有山谷都受到保护，自然形成了贯通整个市区的3条森林生态廊道，它们既是绿化带的一部分，也成为城市居民日常休闲的理想场所，走在河谷内的林荫道上仿佛置身于原始河岸林中。

1.1.7　充分发挥城郊森林对控制城市的无序扩张的重要作用

城市化的快速发展对城市建设用地产生了前所未有的巨大需求，一方面单个城市的规模不断扩大，城市周边的土地被大量转化为城市建设用地，另一方面卫星城的不断出现也加剧了城市地区的用地矛盾。而在这个过程中，森林和湿地等生态用地往往成为建筑用地拓展的首选。国外许多国家在城市化过程中都非常注意森林、湿地等保护工作，制定了长期稳定的保护规划，并通过政府、市民以及非政府组织监督落实，许多城市的周围都保留有大片的城郊森林，对控制城市的无序发展，促进现代城市空间扩张由传统的摊大饼式向组团式方向发展，发挥了限制、切割等重要作用。阿根廷的布宜诺斯艾利斯建有长150km、宽115km的环城森林绿带。在伦敦市周围保留的13~24km宽绿带，有效地控制了建筑用地的无限扩张，对于形成伦敦沿河呈条带状串珠式的城市发展格局奠定了基础。

1.1.8 注重提高整个城区的树冠覆盖率

在人口密集、建筑集中的城市中建设城市森林生态系统，主要突出的是森林生态系统的完整性、功能性和组成成分的多样性，是片林、林带、单木等多种森林成分与河流、湖泊等湿地成分共同构成片、带、网相连的景观尺度上的森林生态系统。国外森林城市的周边地区保存着成片的自然林，城市背景森林的质量高，城区也有成片的大型森林斑块，但同时非常注重提高整个城区的树冠覆盖率。以美国为例，在全国开展了"树木城市(tree city)"发展计划，美国林学会也提出了城市树冠覆盖率发展目标：密西西比河以东及太平洋东西部的城市地区，全地区平均树冠覆盖率40%，郊区居住区50%，城市居住区25%，市中心商业区15%；西南极西部干旱地区，全地区平均树冠覆盖率25%，郊区居住区35%，城市居住区18%，市中心商业区9%。同时对停车场等也提出了树冠覆盖率的建议。

1.2 森林城市建设的背景

1.2.1 全球生态治理带来创森新机遇

森林在生态治理方面发挥着重要作用，日益受到国际社会的关注。联合国《2030年可持续发展议程》就明确将保护森林、湿地、荒漠生态系统和生物多样性作为独立完整的项目之一。2015年联合国森林论坛讨论了未来15年的全球森林政策，对森林在消除贫困以及应对气候变化的积极作用达成一致。2016年的首届亚太城市林业论坛高度关注城市森林建设，并提出要创建美丽优越的城市环境，各国就城市林业发展战略、建立长效合作交流机制展开交流，不断推动亚太地区城市森林体系的健康发展。重视生态建设、加强森林保护已成为各国提高综合国力、增强自身形象的新举措，因此森林城市生态网络体系建设显得尤为重要。

1.2.2 国家生态文明建设开启创森新篇章

现代城市发展趋势表明，城市基础设施建设应该包括以森林、水系为主体的绿色生态空间的建设。通过发挥城市森林的多种功能，改善城市居民生存状况，促进人与自然和谐相处。2016年1月，习总书记在中央财经领导小组第十二次会议研究森林生态安全工作时高度强调森林关系国家生态安全，明确要求着力开展森林城市建设。2016年3月，《中华人民共和国国民经济和社会发展第十三个五年规划纲要》明确提出"发展森林城市，建设森林小镇"，巩固生态安全屏障。创建森林城市作为建设生态文明和美丽中国、促进全社会人与自然和谐发展的重要载体，越来越受到国家重视。

1.2.3　森林云南建设引领创森新热潮

2009 年，云南省全面实施七彩云南保护行动，制定了《七彩云南生态文明建设规划纲要（2009—2020 年）》，提出实施包括生物多样性保护、生物产业发展、生态旅游开发、生态创建和生态文明保障体系在内的十大工程。2013 年，云南省委、省政府进一步作出了《关于争当全国生态文明建设排头兵的决定》，确立了到 2020 年，社会生态文明观念牢固树立，生态文明意识明显提高，城乡人居环境有效提升，生物多样性宝库和西南生态屏障的地位更加稳固等目标，有力推动了森林资源的保护工作。为加快美丽云南建设，省委、省政府出台了《关于建设森林云南的决定》，确立了新形势下林业以生态建设为主的指导思想、基本方针、战略目标、林业体制改革、主要任务和工作措施，指明了发展现代林业、激活林业经营体制和振兴林业经济的方向。截至 2016 年底，昆明市和普洱市获得"国家森林城市"的荣誉称号，目前，临沧市、曲靖市、弥勒市正在积极申建。为进一步加快"森林云南"和现代林业建设步伐，"十三五"期间，云南省森林城市的建设目标为国家级森林城市达到 5 个以上。省政府的高度重视，使得云南省的森林城市建设工作稳步推进并具有巨大的发展潜力。

1.2.4　弥勒市绿色城市建设拉开创森新序幕

长期以来，弥勒市委、市政府积极响应国家生态文明建设的号召，高度重视生态建设。在"生态立市"战略指导下，着力推进"绿色健康弥勒"建设，通过天保工程、荒山荒地造林绿化、水系道路绿化和乡村绿化等工作，全面构筑绿色屏障，积极发展绿色产业，大力弘扬绿色文化。基于良好的森林资源条件和生态建设成就，弥勒市积极推进国家森林城市建设工作。目前，弥勒市已经成立国家森林城市创建指挥部，构建党政一把手抓森林城市创建的工作格局。指挥部办公室制定了合理的工作方案，明确了总体目标、主要任务和保障措施，对弥勒市创建国家森林城市工作进行全面部署，明确考核机制和奖惩办法，把创建国家森林城市所需工作经费纳入市财政，给予及时保障。并通过网络、电视、报纸及宣传标语等方式进行大力宣传，在全市范围内掀起了森林城市建设热潮，拉开了"创森"序幕。

1.3　森林城市建设的意义

1.3.1　打造珠江上游绿色明珠，构建西南生态屏障的必然选择

弥勒市地处低纬高原，位于我国第二大林区西南林区腹地，是典型的山地城市。弥勒市位于中国第三大河流珠江上游，肩负着"西部高原""珠江流域"两大生态安全屏障

的建设任务，在国家和云南省生态环境保护和建设中具有举足轻重的作用和地位。开展森林城市建设，提高弥勒市域森林数量和质量，保护和改善区域生态环境，对维护珠江流域生态安全和水安全、保障中下游水资源供给，减少洪涝灾害，促进珠江中下游各省区乃至我国南方经济社会发展具有特殊重要的意义。弥勒市人口、资源、环境矛盾较突出，自然资源超载，生态系统较脆弱，破坏性环境进程加快，因此开展森林城市建设，打造珠江上游绿色明珠，是构建西南生态屏障、维护国家生态的必然选择。

1.3.2 提升城市竞争力，实现弥勒绿色崛起的客观需要

绿色发展是最安全的发展，生态环境是最大的竞争力。弥勒市地处滇东南，是红河州的北大门。弥勒市力图建设生态宜居的绿色家园，绿色发展无疑处于首要地位，绿色发展包括生态绿色、产业绿色、生活绿色，其中生态绿色最主要的支撑就是植树造林。生态文明、生态建设、生态修复都要从造林绿化抓起。造林绿化是关系全市高端发展、绿色崛起的基础工程，对于提升城市核心竞争力、促进区域可持续发展具有重要意义。创建国家森林城市，大力开展植树造林，大幅提高全市森林覆盖率，可以充分发挥森林的生态、经济、固碳、美化、保健等多种功能，进一步改善全市城乡生态环境，提高城乡居民的生活质量，让广大群众尽享绿色宜居的生态环境；有利于巩固现有生态建设成果，重塑生态宜居的绿色城市品牌，对于实现弥勒绿色崛起具有重要意义。

1.3.3 弘扬森林生态文化，促进弥勒生态文明建设重要举措

森林作为人类的摇篮，是人类文化形成的基础和源泉。森林孕育了人类，也孕育了人类的文化与文明。森林是人与自然和谐的连接点，是经济社会可持续发展的基础性条件，森林生态文化可为生态文明建设提供生态理性基础。森林城市是城市生态文明的窗口，党的十八大以来，生态文明建设纳入中国特色社会主义事业五位一体总布局。习总书记对林业工作的"四个着力"的表述使森林城市内涵不断丰富、外延不断伸展，但一直以来不变的是森林城市对生态文明建设的促进作用。建设国家森林城市是推动弥勒市生态文明建设的重要举措，是贯彻落实节约资源和保护环境的基本国策的实际行动，有助于积极倡导建设以低碳排放为特征的生产方式、生活方式和消费模式，积极探索发展绿色经济的有效途径。在新的历史时期，进一步在民众中倡导森林生态价值观，提升森林生态文化的熏陶，在社会生活中形成人们普遍认同的森林观念，形成人与森林和谐共处的规范与行为。通过森林城市建设，挖掘弥勒市地域生态文化、民族生态文化，可进一步丰富森林、湿地等生态文化载体，传播生态文化，提高公众生态文明意识。

1.3.4 建设绿色基础设施，提升城市品位的必然要求

绿色基础设施是城市自然生命支持系统，是由湿地、森林、野生动物栖息地和其他自然区域；绿道、公园和其他保护区域；农场、牧场和森林；荒野和其他维持原生物种、

自然生态过程和保护空气与水资源以及提高社区和人们生活质量的荒野与开敞空间所组成的一个相互连接的网络。在空间上，绿色基础设施是由网络中心与连接廊道组成的天然与人工绿色空间网络系统。森林既是城市生态文明的重要标志，又是城市生态建设的主体内容，也是城市具有生命的绿色基底。森林城市建设最直接的目的是建设城乡一体、稳定健康的城市森林生态系统，其中城市森林植被的自净生态功能在改善人居环境、改善经济建设环境中的地位和作用非常突出和重要。森林城市建设过程中统筹森林生态系统、湿地生态系统和城市生态系统的关系，推进城乡绿化建设，将弥勒市生态系统、景观格局及生物多样性保护置于优先地位。对环境破坏地区实施生态修复，使其最大限度地恢复到自然状况，保证其生态系统的完整性和生态进程的连续性。通过培育生态林、发展经济林，加快退耕还林（草）进程，采取人工修复和自然恢复相结合的方式，提高弥勒市植被覆盖率和森林覆盖率，提高森林数量和质量，增加水源涵养，减少水土流失和滑坡泥石流等自然灾害的发生。

弥勒市森林城市的建设可以通过增加绿色基础设施的数量，提高绿色基础设施质量，改善城市生态环境，从而改善城市人居环境以及弥勒经济建设环境。生态是城市之基，宜居乃城市之本，弥勒市森林城市建设通过完善森林生态系统和湿地生态系统，进一步改善城乡人居环境，提升城市的综合竞争能力和城市品位。

1.3.5　维护城市生态平衡，扩充城市生态容量的必然选择

城市生态环境是在自然环境基础上，按照人类的意志，经过加工提升形成的适合人类生存和发展的人工环境。构成城市生态环境要素包括自然环境要素和各种社会环境要素。其中自然环境要素具有资源再生功能和还原净化功能，是城市存在和发展的基础和物质保障。从城市森林建设角度讲，由于森林是陆地生态系统中最大的碳库，森林碳汇是目前世界上最为经济的"碳吸收"手段，充分发挥森林植被的碳汇功能将是减少生态赤字的重要途径。因此，以森林城市建设为契机，充分发挥城市森林的重要作用，对提高弥勒市生态承载力，减少生态足迹，促进经济社会发展与生态环境改善的双赢格局具有重要意义。通过一系列林业生态工程载体，加强市区绿色基础设施建设，完善森林、绿地生态系统，提高山地森林质量，充分发挥森林、湿地及土壤的固碳能力和生态效能，提高城市的生态承载力、环境自净能力，构建可持续发展的城市生态基底。

1.3.6　创建绿色福利空间，提高居民生活品质的有效措施

随着弥勒市经济的高速发展和人们生活水平的提高，人民群众日益增长的精神需求也逐渐引起政府重视，优化生态福利空间、提高人民生活品质成为当前形势下迫切需要完成的一项任务。弥勒城市森林建设可以充分发挥林业在社会经济、文化以及生态发展中的重要作用，与云南省推进"森林云南""美丽云南"建设相呼应。另外，森林城市的建设不仅能改善人民群众的生活环境，而且通过大力推进身边增绿行动，积极推动城市、乡镇、村庄、单位的绿化美化，完善绿色廊道建设，建成城市公园、郊野公园、森林公

园与湿地公园等生态休闲场所,可以创造出更多优质公共生态产品,优化居民生态福利空间,营造更加美好的生产生活环境,使生态建设成果真正惠及广大人民群众。

1.3.7　实施林业转型升级,实现弥勒绿色发展的有效途径

随着弥勒市政府的大力推动和市场环境不断优化,近年来弥勒市林业产业步入了高速发展的快车道,传统产业日益巩固,新兴产业蓬勃发展,产业规模不断壮大,主要林产品生产能力不断增强,林产品贸易日益活跃,形成了一批如"弥勒核桃""弥勒葡萄"等知名林产品品牌。林业在地方经济社会发展中的作用越来越大。但随着国内外林产品市场发生了重大而深刻的变化,弥勒林业产业的结构性矛盾日益凸现,第一产业基础不牢、第二产业规模不大、第三产业发展不充分,已成为制约弥勒林业产业发展的重要瓶颈。通过森林城市建设,充分利用市场供求机制、竞争机制和价格机制,加快特色林业产业发展。立足多样化、差异化市场需求,提高优势林产品市场竞争力。通过实施品质改善、科技进步、加工转化等措施,做大做强优势产业。通过引进资金和技术,改变现有的传统生产方式和粗放经营方式,形成规模化生产、集约化经营的现代林业产业模式。促进弥勒林业产业结构调整,增加林业二、三产业的比重,构建林业一、二、三产复合产业集群,延伸产业链条,形成弥勒市的特色林业产品和品牌特色,提高林产品的附加值。

第2章　项目区建设条件分析

2.1　自 然 条 件

2.1.1　地理位置

弥勒市位于云南省东南部,红河哈尼族彝族自治州北部,位于 E103°04′~103°49′,N23°50′~24°39′。东与泸西和文山壮族苗族自治州丘北县毗邻,西与建水和玉溪市华宁县隔南盘江相望,南连开远市,北接昆明市宜良县、石林彝族自治县。全市面积4004km²,占全省面积的 1.02%。市政府地处弥阳镇,北距省城昆明 132km,南距州府蒙自 126km。市境略呈长方形,南北平均长 78km,东西宽约 50km。境内东西部群山迭起,逶迤多姿;中部地势平缓,土地肥沃,物产丰富,交通便利,是滇南内连两广(广西、广东),外达越南的交通要塞。

2.1.2　地形地貌

弥勒市地处滇东高原南部,地质构造体系属昆明山字形构造东翼,境内山岭均属横断山脉中云岭分支的绛云露山脉(乌蒙山脉)的南延部分。地貌类型复杂,主要有剥蚀地貌、河流侵蚀丘陵地貌、岩溶地貌和断陷湖积盆地四种类型。南盘江沿岸形成中山切割,局部深切割中山山地高原地貌。东山、西山是弥勒市境内的主要山脉,两山骈立而呈,东西对峙,西山和东山北部,石灰岩广布,喀斯特地貌发达,溶蚀凹地、落水洞、孤峰、漏斗、地下暗河等极为发育。地势北高南低,中部低凹,属低纬度高海拔山区,平均海拔 1530m,在东西两山之间形成一条狭长的平坝及丘陵地带,也就是弥勒坝、竹园坝、虹溪坝。境内最高点为东侧主峰——金顶山,海拔 2315m,最低点为南盘江出境处,海拔 870m,相对高差 1450m。坝区海拔为 1100~1500m,坝区和河谷地区约占全市面积的15%,大大高于全省 6% 的平均水平。

2.1.3　水文与水资源

弥勒市河流属珠江水系，南盘江环绕市境西、南和东部，境内全长 180km，径流面积 2099.46km², 多年平均径流量 18m³/s。甸溪河位于弥勒市中部，属南盘江左侧支流，由发源于石林县的花口河、师宗县的禹门河、陆良县的白马河于弥勒市城东汇合成甸溪河。流经弥勒市境内的弥阳镇、新哨镇、竹园镇，最后于朋普镇东南汇入南盘江。甸溪河境内全长 117km，平均流量为 24.1m³/s。

甸溪河上游有太平、洗洒、雨补、租舍 4 个中型水库，总库容分别为 8632 万 m³、1604 万 m³、5750 万 m³、1085 万 m³；小型水库遍布全市各乡镇，达 114 座，总库容 3457 万 m³。弥勒市地下水资源丰富，全市地下水资源量 5.98 亿 m³，地下水富集形成 11 个富水块段和 4 个块段外大泉，出露的冷泉主要有花口龙潭、大树龙潭、黑龙潭、雨补疯龙潭、黄凉田龙潭、小路体龙潭等，均为岩溶冷泉。地下暗河以竹园龙潭哨暗河为典型代表。温泉主要有梅花温泉、小寨温泉、热水塘温泉等。

2.1.4　气候条件

弥勒市地处北回归线以北，境内地形起伏较大，气候垂直分布明显，随着海拔的变化，分别出现各种不同的气候类型。在海拔 1600m 以下的坝区、河谷地区属南亚热带和中亚热带气候，海拔 1600~2000m 的山区属北亚热带气候，海拔 2000m 以上的东山等少数地区，具有暖温带气候类型特点。

弥勒市年平均日照时数为 2176h，≥10℃的积温 5520℃，年温差小，年平均温度 17.3℃，月平均温度最高为 6~7 月，约 22.2℃，最低为 1 月，约 9.8℃，弥勒市年平均温度最高的是西南部的巡检镇，年平均温度为 19.7℃，最低的是东山镇，年平均温度 12.5℃。境内西部沿南盘江河谷地带，气温比东部同纬度的地区略高 1℃，中部坝区因山高屏障，弥勒坝、虹溪坝气候温暖，竹园坝、朋普坝气候炎热。

弥勒市年平均降水量 987.5mm。全年降水量最多的地区是西三镇的法依哨，年平均降水量为 1023mm，其他地区为 900~1000mm。弥勒市干湿季节分明，冬春季节(12 月至翌年 4 月)，受来自内陆的干热西风气流的影响，晴天多，雨天少，多年平均降雨量 143mm，占年均降雨量的 14.5%，相对湿度 68%；夏秋季节(5~11 月)受来自孟加拉湾和北部湾海洋季风控制，气温偏高，空气湿润，雨量多而集中，多年平均降雨量 845mm，占年均降雨量的 85.5%。境内雨量分布自南向北逐渐增加，自东向西逐渐减少，同纬度地带随海拔升高而递增。霜期长达 130 天，但霜日不多。

2.1.5　土壤

根据 1981 年土壤普查结果，弥勒市土壤地理分布具有明显的垂直带和一定的水平差距，全市土壤共分为 5 个土类、12 个亚类、26 个土属、59 个土种。以红壤和紫色土为主，水稻土、砖红壤性红壤、石灰岩土次之，分别占土壤评定面积的 60.6%、29.7%、5.5%、4.1%、0.1%。红壤主要分布在海拔 1300~2000m 的山区、半山区，是境内分布最广的土壤。砖红壤性红壤是弥勒南部亚热带地区代表性土壤，主要分布于海拔 1500m 以下的地区，石灰岩土主要分布于岩溶山区的石灰岩丘陵地带，高海拔地区为黑色石灰土，低海拔地区为红色石灰土，主要成土母岩有石灰岩、砂岩、页岩等。

2.1.6　动植物资源

弥勒市境内山多地少，起伏不平，山区、丘陵面积占国土面积的 85%，加上亚热带季风的影响，小区域气候明显，为各种野生动植物生存繁衍提供了良好的条件。

1. 森林植被

根据《云南植被》，弥勒市植被区划大部分属于亚热带常绿阔叶林区域（Ⅱ），西部（半湿润）常绿阔叶林亚区域（ⅡA），高原亚热带北部常绿阔叶林地带（ⅡAii），滇中、东高原半湿润常绿阔叶林、云南松林亚区（ⅡAii-1），滇中高原盆谷滇青冈林、元江栲林、云南松林亚区（ⅡAii-1a）；南部巡检镇、朋普镇的部分区域属于亚热带常绿阔叶林区域（Ⅱ），西部（半湿润）常绿阔叶林亚区域（ⅡA），高原亚热带南部季风常绿阔叶林地带（ⅡAi），滇东南岩溶山原峡谷季风常绿阔叶林区（ⅡAi-2），蒙自、元江岩溶高原峡谷云南松、红木荷林，木棉、虾子花草丛亚区（ⅡAi-2a）。

弥勒市地处云南省南亚热带和北亚热带的过渡地带，以常绿阔叶林为地带性植被。由于区内开发建设较早，经济发展水平较高，加之人口较多，原生植被受到不同程度的破坏。目前弥勒市境内的常绿阔叶林多为以滇青冈、高山栲等树种为优势的次生林。常绿阔叶林受到破坏以后，以云南松林、华山松林等为主的暖温性针叶林为市内分布最广的森林植被，其中云南松林在区内南部地区广泛分布，华山松林则集中分布在区内北部海拔较高地区。此外，由于弥勒市地处喀斯特地貌地区，部分地区石漠化比较严重，从而发育了一定的石灰岩灌丛，而在潜在的石漠化和轻度石漠化地区生长的云南松林、华山松林群落结构较简单，林内岩石裸露，林木生长较差。区内森林群落主要为云南松林、华山松林、人工滇柏林、次生性的常绿阔叶林等人工或次生性森林群落。

2. 主要植物种类

弥勒市植物种类较多，主要乔木树种有云南松、华山松、滇柏、滇油杉、滇青冈、高山栲、麻栎、红木荷、旱冬瓜等；也有一定面积的人工种植的蓝桉。主要灌木树种有华西小石积、杜鹃、苦刺、南烛、余甘子、矮杨梅、车桑子、盐肤木、枸子、青刺尖、火棘等。草本植物主要有野古草、旱茅、扭黄茅、香薷、竹叶草、紫茎泽兰、毛蕨菜等。

3. 主要野生动物种类

弥勒市境内野生动物较丰富，兽类主要有穿山甲、猕猴、獐子、黄鼠狼、野猫、林麝、破脸狗、赤狐、野猪等。禽类主要有猫头鹰、昆雉鸡、白腹锦鸡、啄木鸟、鹧鸪、黑颈长尾雉、竹鸡、灰喜鹊、画眉等；爬行类主要有青蛇、麻蛇、脆蛇、眼镜蛇、乌梢蛇、黑蛇等；森林昆虫主要有松毛虫、小蠹虫、刺蛾、金龟子等。

2.2　社会经济条件

弥勒市北依昆明市石林县、南接红河州开远市、东邻文山州丘北县、西连玉溪市华宁县，处于昆明、个旧、开远三个城市和滇中滇南两个经济区的结合部，是红河州的北大门。弥勒市具有良好的区位和交通优势，是两广(广东、广西)进出昆明的重要交通枢纽。区域内自然资源丰富，尤其是矿产资源和水资源。截至 2016 年，全市有常住人口55.97 万人，常住人口城镇化率达 54.39％。弥勒市辖弥阳镇、新哨镇、竹园镇、朋普镇、虹溪镇、巡检司镇、西一镇、西二镇、西三镇、东山镇、五山乡、江边乡 10 镇 2乡，居住着汉、彝、苗、回、壮等 21 个民族，是一个多民族聚居的城市。

改革开放 30 多年来，弥勒市的社会经济发生了天翻地覆的变化，区域经济综合排名居全省第 4 位。2016 年全市实现地区生产总值 273.48 亿元，三次产业结构为 10.2：65.7：24.1。全市地方财政总收入完成 24.59 亿元，市级一般公共预算收入完成 16.22亿元，全市一般公共预算支出完成 39.60 亿元，实现旅游业总收入 37.65 亿元，经济综合实力大幅度提升，跨入全省前列。

2.3　生态环境状况

2.3.1　大气环境状况

1. 城区环境

弥勒市环境空气优良，环境空气中主要污染物二氧化硫(SO_2)、二氧化氮(NO_2)和可吸入颗粒物(PM_{10})的年均浓度值总体呈逐年下降趋势(图 2-1)。环境空气中 SO_2 和 NO_2年均浓度值在 2011 年达到国家环境空气质量二级标准(GB 3095—2012)，之后的年均浓度均达到空气质量一级标准；PM_{10} 年均浓度值在 2011～2013 年有超标现象，但超标率较小(0.01～0.24 倍)，2014～2015 年均未出现超标，达到空气质量二级标准，且年均浓度不断下降，2015 年的 SO_2、NO_2 和 PM_{10} 年均浓度与 2014 年相比分别下降 16.7％、31.4％和 16.0％，PM_{10} 年均浓度下降明显(图 2-1)，说明 2011～2015 年，弥勒市城区环境空气质量整体上较好，并不断持续改善。

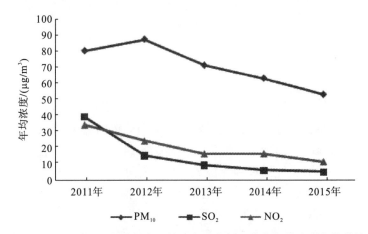

图 2-1　2011～2015 年弥勒市环境空气中主要污染物年均浓度变化趋势

2011～2015 年，弥勒市城区环境空气污染指数 API 优良率均为 100％，API 值从 2012 年的最大值 69 下降至 2015 年的 52（表 2-1）；基于环境空气中主要污染物 SO_2、NO_2 和 PM_{10} 三项污染物综合分析结果表明，综合污染指数（P）值逐年降低（表 2-1），从 2011 年的 2.64 降至 2015 年的 1.12，下降了 57.58％，反映出城区空气污染程度逐渐减轻，空气质量不断提高。环境空气中主要污染物的负荷系数由高至低依次排列为 $PM_{10}>NO_2$ $>SO_2$，PM_{10} 的负荷系数占总负荷的 43％～65％，说明本区域的环境空气污染以可吸入颗粒物（PM_{10}）污染为主，见表 2-1。

表 2-1　弥勒市城区环境空气质量分析

年份	负荷系数 P_i(PM_{10})	负荷系数 P_i(NO_2)	负荷系数 P_i(SO_2)	综合污染指数 P	空气污染指数 API
2011	0.43	0.32	0.25	2.64	65
2012	0.59	0.29	0.12	2.09	69
2013	0.65	0.26	0.10	1.56	61
2014	0.64	0.29	0.07	1.40	57
2015	0.68	0.25	0.07	1.12	52

2. 酸雨

弥勒市地处云南省中部偏南，红河哈尼族彝族自治州北端。其地处亚热带，接近北回归线，农业区光热条件好，降水充沛。弥勒市自 2014 年开展酸雨监测工作以来，监测 2014 年降雨 pH 为 8.34～8.98，平均 pH 为 8.77，2015 年降水平均 pH 为 8.68，均未出现有酸雨（pH<5.6）情况，表明该区域不属于酸雨控制区。

2.3.2　水环境

1.　主要河流水环境质量现状

甸溪河是弥勒市境内的主要河流，发源于石林县，经师宗县流入弥勒市境内，最终汇入南盘江，为珠江水系，是南盘江的主要支流。2011~2014 年，红河州环境监测站对甸溪河在弥勒市境内设置扯龙桥和锁龙桥 2 个监测断面，2015 年则增设了 4 个监测断面，分设在甸溪河(3 个)、南盘江(1 个)2 条主要河流上，监测数据依据《地表水环境质量标准》(GB 3838—2002)和《云南省地表水环境功能区划》(2010—2020)中相应的水质控制标准进行评价，甸溪河源头——弥勒南桥监测断面(大庄桥)水质控制标准为Ⅲ类，弥勒南桥——入南盘江口监测断面(锁龙桥、水尾村)水质控制标准为Ⅳ类，南盘江在弥勒市境内水质控制标准为Ⅳ类。各年监测结果见表 2-2。

表 2-2　2011~2015 年弥勒市河流断面水质监测评价结果

年份	河流名称	监测断面	控制属性	水功能要求	达标情况
2011	甸溪河	扯龙桥	—	Ⅳ类	总磷超标
	甸溪河	锁龙桥	省控	Ⅳ类	达标
2012	甸溪河	扯龙桥	—	Ⅳ类	总磷超标
	甸溪河	锁龙桥	省控	Ⅳ类	达标
2013	甸溪河	扯龙桥	—	Ⅳ类	总磷超标
	甸溪河	锁龙桥	省控	Ⅳ类	1、9、11 月粪大肠菌群超标
2014	甸溪河	扯龙桥	—	Ⅳ类	达标
	甸溪河	锁龙桥	省控	Ⅳ类	达标
	甸溪河	大庄桥	—	Ⅲ类	达标
2015	甸溪河	锁龙桥	省控	Ⅳ类	达标
	甸溪河	水尾村	—	Ⅳ类	达标
	南盘江	江边桥	省控	Ⅳ类	达标

从表 2-2 可知，除甸溪河扯龙桥断面 2011~2013 年总磷均超标，锁龙桥断面 2013 年 1、9、11 月粪大肠菌群超标外，其他年份各监测断面均达到相应水质标准。

2.　主要水库地表水环境

弥勒市的主要水库、湖泊有洗洒水库、雨补水库、太平水库和湖泉生态园。其中洗洒水库为弥勒市城区集中式饮用水水源地，太平水库为备用水源。弥勒市环境监测站对洗洒水库、雨补水库、太平水库实行季度性监测，对湖泉生态园进出水口枯、丰水期各进行一次监测。根据《地表水环境质量标准》(GB 838—2002)，监测评价结果见表 2-3。

表 2-3　弥勒市主要水库、湖泊水质监测结果

名称	年份		水功能要求	达标情况
洗洒水库	2011		II	总磷、总氮超标
	2013			总磷超标
	2014			总磷、总氮、汞、镉、挥发酚出现超标，总磷、总氮超标
	2015			总氮超标
雨补水库	2011		III	总磷、总氮、氨氮超标
	2012			达标
	2013			总磷超标
	2014			总磷、六价铬、挥发酚、镉出现超标
	2015			达标
太平水库	2011		III	总磷、总氮超标
	2013			总磷、总氮超标，其中总磷达劣V类
	2014			总磷、总氮、镉、挥发酚出现超标
	2015			总磷超标
湖泉生态园	2014	进水口	III	总磷、溶解氧出现超标
		出水口		总磷、化学需氧量出现超标
	2015	进水口		总磷超标
		出水口		总磷超标

从表 2-3 可看出，弥勒市的主要水库、湖泊中，仅有雨补水库在 2012 年和 2015 年水质达到 III 类标准外，其他年份，各水库、湖泊均出现污染物超标情况，主要污染物为总氮和总磷。

2015 年，对主要水库及湖泊富营养化程度评价结果表明（表 2-4）：洗洒水库综合营养状态指数年均值为 31，处于中营养化水平；太平水库、雨补水库、湖泉生态园进水口和出水口综合营养状态指数年均值分别为 21、21、20 和 22，均处于贫营养化水平。湖泉生态园进水口综合营养状态指数略低于出水口，表明湖区富营养化程度高于进水口。

表 2-4　2015 年度弥勒市主要水库富营养化程度评价

	洗洒水库		太平水库		雨补水库		湖泉生态园			
							进水口		出水口	
	综合营养状态指数	营养状态级别	综合营养状态指数	营养状态级别	综合营养状态指数	营养状态级别	综合营养状态指数	营养状态级别	综合营养状态指数	营养状态级别
年均值	31	中营养	21	贫营养	21	贫营养	20	贫营养	22	贫营养

2.3.3　声环境

弥勒市未划分声环境功能区，城区声环境污染属混合型，主要由交通噪声、建筑施工噪声、工厂企业固定源噪声、社会生活噪声等交织而成。2015 年弥勒市环境监测站设置了 3 个声环境功能区进行监测，依据《声环境质量标准》(GB 3096—2008)，监测结果表明各功能区声环境质量状况良好。一类区监测点位于湖泉生态园内，监测点昼间平均等效声级为 45.6dB(A)，夜间平均等效声级为 39.3dB(A)，昼夜值均达到Ⅰ类标准；二类区监测点位于市环保局，监测点昼间平均等效声级为 49.7dB(A)，夜间平均等效声级为 43.2dB(A)，昼夜值均达到Ⅱ类标准；三类区监测点位于红河卷烟厂内，监测点昼间平均等效声级为 49.9dB(A)，夜间平均等效声级为 45.5B(A)，昼夜值均达到Ⅲ类标准。

2.3.4　污染物排放情况

1. 大气污染物排放现状

1) 工业源

根据弥勒市环境公报统计数据，从 2011 年到 2015 年工业废气污染物排放情况数据见图 2-2。总体来看，弥勒市工业废气污染物的排放量呈逐年减少的趋势。

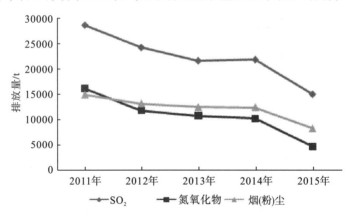

图 2-2　2011~2015 年弥勒市工业废气污染物排放情况

2) 城镇生活源

2011~2015 年弥勒市城镇生活源废气污染物排放情况见图 2-3 所示。城镇生活废气污染物排放量 2012 年较 2011 年大幅减少后，到 2014 年均基本持平，但 2015 年却大幅增长，SO_2 较 2014 年增加了约 2.2 倍，氮氧化物和烟(粉)尘则均增加了 4.5 倍左右。

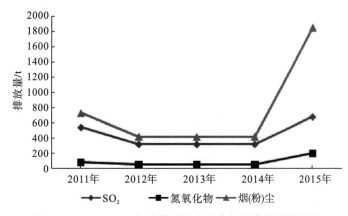

图 2-3　2011~2015 年弥勒城镇生活废气污染物排放情况

2. 水污染物排放现状

1)工业废水及污染物排放

2011~2015 年弥勒市工业废水和污染物排放情况见表 2-5 所示。工业废水总量 2012 年较 2011 年大幅减少后，到 2014 年均基本持平；废水污染物的排放情况总体变化不大，但 2015 年，排放量均上升明显，工业废水、化学需氧量和氨氮排放量较 2014 分别增加 20.27%、56.07%和 3.95%。

表 2-5　2011~2015 年工业废水及污染物排放情况

年份	工业废水/万 t	化学需氧量/t	氨氮/t
2011	665.33	1270.07	229.48
2012	436.20	1387.28	260.01
2013	446.85	1413.32	275.96
2014	425.14	1395.36	262.08
2015	511.33	2177.74	272.43

2)生活废水及污染物排放

2011~2015 年弥勒市生活废水和污染物排放情况见表 2-6 所示。2011~2014 年，弥勒市总人口数在不断增长，但增长幅度不大，总体来看，随着污水收集及处理设施的逐步完善，生活废水及污染物排放总体呈下降趋势，但 2015 年排放量大幅上升，生活废水、化学需氧量和氨氮排放量较 2014 年分别增加了 21.6%、14.03%和 36.58%。

表 2-6　2011~2015 年生活废水及污染物排放情况

年份	生活废水/万 t	化学需氧量/t	氨氮/t
2011	924.18	5352.93	649.68
2012	970.49	4871.89	581.22
2013	1005.99	5152.37	669.65
2014	1004.50	4349.89	435.24
2015	1222.15	4960.18	594.45

3）农业污染物排放

2011～2015 年农业污染物排放情况见图 2-4 所示。总体来看，近年来弥勒市农业污染物的排放量相对平稳，总体呈逐年下降趋势。

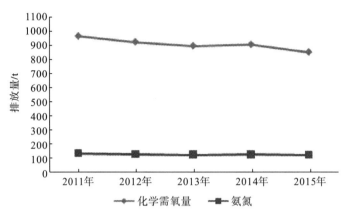

图 2-4　2011～2015 年弥勒市农业污染物排放情况

4）固体废物排放

2011～2015 年弥勒市工业固体废物处置情况见图 2-5 所示。弥勒市的一般工业固体废物产生量在 2011～2015 年逐年减少，从 2011 年的 283.27 万 t，减少至 2015 年的 232.51 万 t，降低了 17.92％；工业固体废物综合利用率约 60％，剩余量均得到合理处置，少量暂时贮存不外排，处置率达 100％。2015 年，工业固体废物综合利用量为 170.16 万 t，较 2014 年增加 17.38％，综合利用率较 2014 年增长 16.04％，处置量为 66.196 万 t，较 2014 年减少 41.77％。

弥勒市生活垃圾收集率达 100％，分类收集率＞30％，处置率＞70％，规模化畜禽养殖粪便综合利用率＞80％；弥勒市暂无危险废物处置场，危险废物除少量综合利用及送往有资质单位合理处置以外，均暂时贮存不外排，安全处置率达 100％。

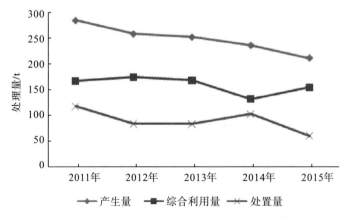

图 2-5　2011～2015 年一般工业固体废物处置情况

2.3.5　水土流失现状

弥勒市是典型的山地岩溶地区，其中山区、半山区占 85%，岩溶面积为 2541.41km²，占弥勒市面积的 63.5%；石漠化面积 1123.9km²，占面积的 28.1%，占全市岩溶面积的 44.2%，其中中度石漠化面积占一半以上，全市 12 个乡镇均有分布。

根据云南省 2004 年土壤侵蚀现状遥感调查数据，弥勒市水土流失总面积为 1556.76km²，其中：轻度侵蚀面积 974.57km²，占全市水土流失面积的 62.60%；中度侵蚀面积 517.14km²，占 33.22%；强度侵蚀面积 54.15km²，占 3.48%；极强度侵蚀面积 10.90km²，占 0.70%；无剧烈侵蚀(图 2-6)。

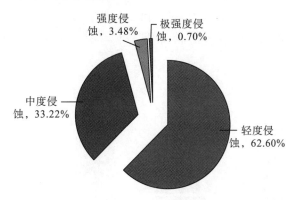

图 2-6　2004 年弥勒市土壤侵蚀情况

2.4　弥勒市热场分析

城市热岛效应不仅会加大城市能耗、降低大气质量、引发自然灾害、危害公共健康，还会引起全球性区域气候和城市大气环境格局的变化，是城市生态环境变化的综合体现，城市热岛效应已成为全球性的生态环境问题。随着城市化水平的日益提高、城市面积的不断扩大、水泥化程度越来越高，城市热岛效应也越来越明显，城市热场的分布对城市环境、城市规划的影响也越来越大。国家提出要建设森林城市的重要功能之一就是要利用森林植被直接吸收城市中释放的碳，同时通过减缓热岛效应，调节城市气候减少我们使用空调的次数。因此，通过分析弥勒城市热场空间特征及动态变化，对缓解城市热岛效应、改善城市生态环境质量，合理规划森林城市具有重要的指导意义。采用遥感方法与原理来研究分析城市热场分布具有分辨率高、覆盖范围广、点位选取合理、变化分析准确等优势；且城市热岛效应在夏季更具实际意义。因此，本研究基于 MODIS 遥感卫星合成的 2005 年 8 月和 2015 年 8 月 1km 地表温度月平均温度数据[①]，利用 ArcGIS 进行预处理后得出弥勒市 2005 年与 2015 年 8 月的热场和热岛空间分布数据。

---

① 数据来源于中国科学院计算机网络信息中心，其发布的月均温数据截至 2015 年。

2.4.1　弥勒市热场变化总体特征

对比 2005 年 8 月，十年后弥勒市热场无论是从范围还是强度都发生一定的变化。虽然最高亮温从 2005 年 8 月的 33.93℃上升到 2015 年的 38.77℃；最低亮温从 2005 年的 13.71℃上升到 2015 年的 13.99℃，但全市亮温均值却由 26.68℃降到 25.27℃，表明全市温度整体呈现出降低的变化特征。进一步将弥勒市和红河州及云南省的热场变化进行对比，从弥勒市与所属红河州及云南省的亮温均值变化对比分析来看可以看出：一是各区域地温度变化表现出了一致的同步性，即各区域温度均呈现不同程度的降温；二是弥勒市比红河州及全省的温度相对较高，2005 年 8 月的月均温要比红河州和云南省分别高出 1.15℃和 3.41℃；2015 年则高出 0.43℃和 2.36℃；三是尽管弥勒市温度较高，但降幅较大，2015 年 8 月均温要比 2005 年降低 1.41℃，明显比红河州和云南省的均温降幅大（图 2-7）。

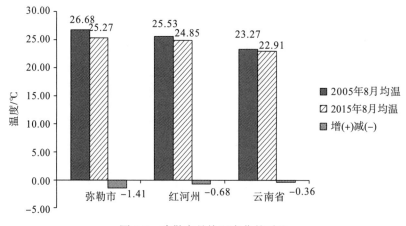

图 2-7　弥勒市月均温变化的对比

2.4.2　弥勒市热绿岛分析

为了进一步分析弥勒市热岛和绿岛空间分布情况，同时，避免不同时间的温度差异影响，对 2005 年 8 月和 2015 年 8 月亮温均值分别进行去异常值及归一化处理，结果值按四分位分为 4 级，即绿岛（0～0.25）、次绿岛（0.25～0.5）、次热岛（0.5～0.75）、热岛（0.75～1）。分级结果表明：全市绿岛和热岛在空间分布上发生较大变化，无论热岛和绿岛在空间分布位置均发生偏移。对比 2005 年与 2015 年的热场情况，全市绿岛和热岛在空间分布上也发生较大变化。2005 年，弥勒市中间区域温度较高，东西两侧相对较低；北部较低，南部较高。其中，绿岛空间分布较少，主要集中在弥勒市东部区域的弥阳镇、新哨镇的东面和东山镇之间；热岛主要集中分布在弥勒市中间的弥阳镇、新哨镇、红溪镇、竹园镇和朋普镇。截至 2015 年，绿岛空间分布大幅增加，除原有区域外，在西部区域的西一镇、西二镇、五山乡均有较多分布；而热岛分布则更为集中，在弥阳镇和新哨镇呈片状较大面积分布。各类型斑块面积比重也发生较大变化。绿岛占全市总面积由 2005 年的 2.52% 增至 18.82%；次绿岛占比由 21.73% 增至 38.65%；热岛占比由 11.43% 降至 10.91%，次热岛由 64.32% 降至 31.62%。总体上看，绿岛和次绿岛大面积增加，热岛略有减少，但次热岛大幅缩小；表明全市绿岛面积增多，热岛效应有所缓解，但中心城区及近郊的热岛效应却更为突出，呈团状边片趋势发展。

2.4.3 结论

(1) 通过对比 2005 年 8 月和 2015 年 8 月弥勒市月均温比较，可以发现，弥勒市温度在全州及全省属温度略高区域，这可能由于弥勒市地势较低，且位于江盘江河谷地区，但受地理环境影响。尽管温度相对较高，但温度总体呈现出下低的变化特征，其降幅要明显大于红河州和云南省。

(2) 从城市绿岛空间分布看，弥勒市绿岛及次绿岛的面积大幅增加，尤其是在弥勒东部大面积增加，这在一定程度上表明东部区域十年来生态建设成效显著，森林植被的增加在一定程度上有效缓解了城市热岛效应，相对中间区域温度明显较低。

(3) 从城市热岛空间分布看，热岛在弥勒市中间区域大面积集聚，主要成团状连片式分布在中间区域的弥阳镇和新哨镇区一带，这与弥勒市城镇化发展空间布局有一定关系。从 2006 与 2016 年的遥感图可以看出，这一区域的城镇用地明显增多，由此使城市热岛效应越发明显。

(4) 从热岛斑块空间分布看，县城近郊也是热岛分布的主要区域。由于直接与集聚的社会经济活动相邻，近郊地带是最易遭受生态破坏的地区。由于近郊是与城市密集建设用地之间进行直接的物质、能量交换的地带，其自然山体、水域和农田为城市提供大气、水、生物流通的空间，能够有效减少城市热岛效应，因此，在森林城市规划中合理利用和保护城市郊区绿地，通过打造人工森林、绿色廊道、楔形绿地等，使城郊成为城市新鲜空气的库地和通道。

(5) 城市是人类文明的结晶，也是我们生活和实现梦想的地方。弥勒所有主县城都是热岛区，也是人口最密集区域。"热岛效应"的产生不仅使人们工作效率降低，还阻碍城乡空气交流，威胁到市民的健康。因此，应重点开展城市绿化和绿地规划，依据生态学理论，结合城市的特点，逐步形成平面绿化和空间绿化相结合，道路绿化、公共绿地、居住区绿地、单位绿化同步发展，以及节能减排、绿色出行等方式营造良好的绿色城市空间，减缓热岛效应，实现人与自然的和谐统一。

2.5 弥勒市植被覆盖分析

植被覆盖度是指植被(包括叶、茎、枝)在地面的垂直投影面积占统计区总面积的百分比。植被覆盖度是衡量地表植被状况的一个重要指标，是描述生态系统的重要基础数据，也是区域生态系统环境变化的重要指示，了解植被覆盖的空间分布及变化情况对改

善生态环境，促进森林城市建设具有重要意义[28-29]。本研究基于分辨率为 30m 的
Landsat 遥感卫星数据①，根据植被指数估算植被覆盖的原理，建立了利用归一化植被指
数定量估算出 2000 年和 2016 年弥勒市植被指数。其结果值可分为 4 个等级，即低覆盖
度(0~0.3)、中低覆盖度(0.3~0.5)、中高覆盖度(0.5~0.7)、高覆盖度(0.7~1)。

2.5.1　植被覆盖度变化总体特征

对比 2000 年和 2016 年弥勒市各等级植被覆盖度的空间分布情况，可以得出：2000
年弥勒市低及次低植被覆盖度主要分布在东北部的弥阳镇、新哨镇，西北部的西二镇、
南部巡检司镇和朋普镇也有少量分布；高及次高植被覆盖度主要分布在东部的西三镇、
西一镇、五山乡，以及西部的东山镇和江边乡。到 2016 年，低及次低植被覆盖度分布区
域明显减少，主要分布在弥阳镇、新哨镇和竹园镇部分区域；而高及次高植被覆盖度分
布在各乡镇均有明显增多。从全市各类覆盖度面积来比较，低覆盖度占比由 2000 年的
0.54％减少至 2016 年的 0.51％，变化较小；次低覆盖度占比由 2000 年的 16.05％减少
至 2016 年的 6.41％，减少较多；次高覆盖度占比由 2000 年的 37.96 减少至 2016 年的
35.99％，变化较小；而高覆盖度变化最大，由 2000 年的 45.45％增加至 2016 年的
57.08％。这一统计结果表明，弥勒市 16 年来整体植被覆盖度不断提高，尤其是高植被
覆盖度的区域大幅提高，生态环境建设方面成效显著。

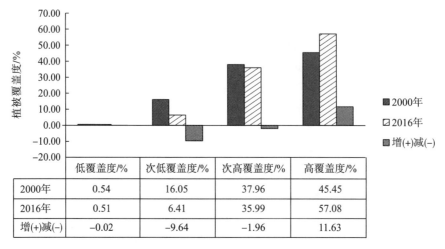

	低覆盖度/%	次低覆盖度/%	次高覆盖度/%	高覆盖度/%
2000年	0.54	16.05	37.96	45.45
2016年	0.51	6.41	35.99	57.08
增(+)减(-)	-0.02	-9.64	-1.96	11.63

图 2-10　弥勒市植被覆盖度分级统计结果

2.5.2　植被覆盖度镇域差异分析

弥勒市镇域植被覆盖度等级差异较大。就高植被覆盖度面积占比看，东山镇、西三
镇和西一镇是面积占比最多的区域，均超过 70％；而西二镇、红溪镇、弥阳镇和新哨镇

---

①　数据来源于中国科学院计算机网络信息中心

属面积占比最小的区域，均不足 50%，还需要进一步提高这些区域的植被质量。而从高植被覆盖度面积占比变化看，红溪镇、巡检司镇和弥阳镇增长均超过国土面积的 30%，属生态环境恢复较快的区域；江边乡和朋普镇出现负增长，需要进一步加强管理；而东山镇、西三镇尽管增长不高，但由于基础较好，仍属生态环境最后的区域。相应的，次高植被覆盖度面积占比较多的区域为西二镇、红溪镇和新哨镇，均超过 40%，而东山镇、西三镇和西一镇则为面积占比最少的区域。综合两者看，全市各乡镇高植被覆盖度均有所提高，其中新哨镇、红溪镇、西二镇和弥阳镇植被质量提高较大，均超过 15%，但除西二镇外，其余三镇仍属高植被覆盖度面积相对较少的区域。

低覆盖度主要是以建设用地、裸地及荒地为主，从统计结果看，弥阳镇植被低覆盖度面积占比较大，占总面积的 2.5%，红溪镇次之，超过 1%；而五山乡和西三镇均不足 0.1%。从低覆盖度面积变化情况看，东山镇、弥阳镇和西三镇呈现面积增加的情况，表明在城镇建设用地方面增长明显，尤其是东山镇，增长了 0.34%；而其余各乡镇呈现不同程度的减少，在荒山裸地恢复方面取得一定成效。次低覆盖度面积占比较大的乡镇主要有弥阳镇、新哨镇、红溪镇和竹园镇，均占过 9%，而较小的乡镇主要有江边乡、东山镇和西一镇，均不足 3%。综合两者看，全市各乡镇低植被覆盖度均有所减少，其中新哨镇、红溪镇、弥阳镇和西二镇减少超过国土面积的 15%，但除西二镇外，其余三镇仍属低植被覆盖度面积相对较多的区域(见表 2-7)。

表 2-7　弥勒市镇域植被盖度等级变化情况　　　　　　　　　　　　单位:%

乡镇	低覆盖度			次低覆盖度		
	2000 年	2016 年	变化	2000 年	2016 年	变化
东山镇	0.17	0.50	0.34	5.49	2.30	−3.20
红溪镇	1.09	1.05	−0.04	26.53	9.75	−16.78
江边乡	0.24	0.21	−0.03	3.58	1.91	−1.67
弥阳镇	2.56	2.58	0.02	27.17	12.13	−15.04
朋普镇	0.51	0.50	−0.01	6.10	5.61	−0.49
五山乡	0.32	0.07	−0.25	7.09	6.12	−0.97
西二镇	0.28	0.28	0.00	19.86	3.64	−16.23
西三镇	0.04	0.07	0.03	7.94	3.82	−4.13
西一镇	0.35	0.30	−0.05	8.38	2.78	−5.60
新哨镇	0.62	0.42	−0.20	32.39	10.70	−21.69
巡检司镇	0.41	0.29	−0.12	11.59	4.02	−7.57
竹园镇	0.25	0.24	−0.01	10.60	9.53	−1.07

乡镇	次高覆盖度			高覆盖度		
	2000 年	2016 年	变化	2000 年	2016 年	变化
东山镇	25.32	21.55	−3.77	69.02	75.65	6.63
红溪镇	55.87	41.58	−14.30	16.51	47.62	31.11
江边乡	25.67	34.79	9.12	70.51	63.09	−7.41
弥阳镇	43.86	37.10	−6.76	26.41	48.19	21.78
朋普镇	40.02	40.85	0.82	53.37	53.05	−0.32
五山乡	46.22	30.85	−15.38	46.36	62.71	16.35
西二镇	54.14	53.28	−0.87	25.71	42.80	17.09
西三镇	28.98	25.04	−3.95	63.03	71.07	8.04
西一镇	30.10	24.70	−5.40	61.17	72.22	11.05
新哨镇	34.18	41.22	7.04	32.81	47.67	14.86
巡检司镇	49.81	35.27	−14.54	38.19	60.42	22.23
竹园镇	51.03	38.39	−12.64	38.11	51.83	13.71

2.5.3　结论

（1）弥勒市绝大部分区域具有较高的植被覆盖度，到 2016 年，其高植被覆盖度面积达到 57％以上，与 2006 年相比增加了国土面积的 11.63％。除西二镇、红溪镇和新哨镇和弥阳镇外，其他均超过 50％，充分表明了弥勒市在生态建设取得的显著成效。

（2）从空间分布格局上看，位于市域中间的城镇及周边区域区域破碎化较重，植被覆盖度较低，且呈外延式扩散。如弥阳镇，其相邻的红溪镇的裸地占比也超出全市平均水平。因此，在城市化发展过程中，应指根据地形、自然生态、环境容量和基本农田等因素划定的、可进行城市开发的空间界限。通过明确"城市开发边界"，避免建设用地无序地向外围扩张，使高植被覆盖度区域的自然资源与耕地面积得到有效保护。

（3）结合弥勒市植被覆盖度空间分布和热绿岛空间分布情况看，裸地及低植被覆盖度的区域热岛效应明显，而植被覆盖度高的区域绿岛效应明显；且随着裸地及低植被覆盖度面积增加的区域，热岛效应也在增加，如以弥阳镇为核心的主城区。因此，还应进一步通过开展城市街道绿化，打造城市森林公园，开展居住区、单位、庭院绿化等多种方式来提升主城区的绿地面积，提高市中办、文华办和金华办等区域的植被覆盖度。

2.6　弥勒市景观格局分析

对土地利用景观格局研究是认识人类社会与自然环境相互关系的重要途径。将景观生态学的原理应用到森林城市建设中，有利于对土地景观的利用现状及其结构的宏观把握，也为后期的规划提供更加科学合理的依据。本书根据 2006 年和 2016 年两次弥勒市森林二类调查数据，将研究区域划分为有林地、宜林地、耕地、灌木林地、建筑用地、无立木林地、水域、未成林地、疏林地、牧草地、苗圃地和未利用地共 12 个景观类型。结合弥勒市的实际情况，在斑块类型和景观两个尺度上选取最大斑块指数(LPI)、斑块密度(PD)等多个指数来分析森林景观格局。

2.6.1　斑块类型水平

1. 面积及形状复杂度

从斑块类型百分比指数(PLAND)可知，2006~2016 年十年间，有林地、耕地、建筑用地、无立木林地和苗圃地景观面积在增加，而宜林地、灌木林地、水域、疏林地、牧草地和未利用地景观面积在减少。其中有林地和建筑用地面积增加较大，分别增加了2.95％和0.98％；宜林地和灌木林地面积减少较大，分别减少了3.46％和0.71％，牧草地和未利用地全转化为其他用地类型。2016 年，耕地和有林地面积分别占国土面积的37.98％和35.85％，成为两大主要景观；灌木林地面积占比也达到 18.23％，三大景观类型占总面积的 92％以上(表 2-8)。各类型景观斑块数量(NP)存在较大变化，这可能与数据调查的比例尺差异而忽略较小斑块的统计有关。尽管如此，可以看出，宜林地斑块大幅减少，水域斑块也略有减少，表明弥勒市在植树造林上成效显著，但同时也要看到水域湿地保护的不足。受斑块数量的影响，到 2016 年，除建筑用地和苗圃地外，其他类型景观的平均斑块面积(AREA_MN)均大幅减少，各景观斑块镶嵌增加，景观的异质性增加。除水域和无立木林地外，其他景观的平均斑块形状指数(SHAPE_MN)均呈现不同程度的增加；尤其是平均斑块分维数(SHAPE_MN)上，各景观类型均呈现增大，反映这些类型景观斑块的形状复杂度均有所上升，斑块形状变得更复杂，更不规则。

表 2-8　弥勒市 2006~2016 年景观面积及形状变化情况

序号	地类	PLAND		NP		AREA_MN		SHAPE_MN		FRAC_MN	
		2006 年	2016 年	2006 年	2016 年	2006 年	2016 年	2006 年	2016 年	2006 年	2016 年
0	有林地	32.90	35.85	3141	7299	40.97	19.23	1.71	1.8529	1.09	1.11
1	宜林地	4.54	1.08	782	462	22.71	9.11	1.76	1.8013	1.09	1.11
2	耕地	37.18	37.97	4072	7610	35.72	19.54	1.65	1.903	1.08	1.11
3	灌木林地	19.97	18.23	1890	3399	41.32	21.00	1.81	1.9992	1.09	1.12
4	建筑用地	2.66	3.64	1233	1514	8.43	9.41	1.49	1.8132	1.07	1.11
5	无立木林地	0.07	0.46	9	486	30.21	3.70	1.72	1.571	1.09	1.09
6	水域	0.78	0.71	467	430	6.57	6.45	1.84	1.8342	1.09	1.10
7	未成林地	1.46	1.80	310	718	18.48	9.83	1.60	1.7421	1.08	1.10
8	疏林地	0.27	0.19	65	48	16.12	15.72	1.63	1.8909	1.08	1.11
9	苗圃地	0.01	0.07	5	8	10.13	32.02	1.45	1.7368	1.07	1.09
10	牧草地	0.00	0.00	2	0	4.92	—	1.30	—	1.05	—
12	未利用地	0.15	0.00	48	0	12.24	—	1.94	—	1.11	—

2. 破碎度与连通度

从表 2-9 可以看出，耕地和有林地的斑块密度（PD）最大，灌木林地次之，表明这三类景观的破碎度较大。从变化情况看，包括建筑用地在内的前四类景观的斑块密度（PD）均呈现不同程度的上升，破碎度明显上升。但结合耕地和建筑用地面积的变化，反映了人为对自然干扰活动的加剧，尤其是高强度、大范围的垦荒和城镇化建设导致了耕地增长和城镇的快速扩张。相连集聚成少数几个大型斑块，从而造成景观破碎度相对有林地的破碎度更小。从边界密度（ED）来看，不管是 2006 年还是 2016 年，耕地和林地都排在前两位，而且比较接近，表明这两种景观类型的开放性强，是其他景观类型斑块进行物质能量交流时，不可或缺的通道。除苗圃地外，其他景观类型斑块的聚合度（CLUMPY）均有所下降，也进一步验证了整体景观的破碎性增加，景观异质性上升。从连通度（COHESION）看，耕地和有林地的连通度最高；而建筑用地连通度增长最大，其次是水域和森林。有林地、建筑用地和水域的连通度提高在一定程度上表明弥勒市对森林廊道、路网和水网建设的重视。

表 2-9　弥勒市 2006～2016 年景观类型破碎度及聚集度变化情况

序号	地类	PD		ED		CLUMPY		COHESION	
		2006 年	2016 年	2006 年	2016 年	2006 年	2016 年	2006 年	2016 年
0	有林地	0.80	1.86	32.30	61.67	0.93	0.87	99.55	99.57
1	宜林地	0.20	0.12	6.18	2.30	0.93	0.89	97.90	96.09
2	耕地	1.04	1.94	43.38	71.54	0.91	0.85	99.81	99.64
3	灌木林地	0.48	0.87	21.14	29.64	0.93	0.90	99.18	98.92
4	建筑用地	0.32	0.39	4.99	8.40	0.91	0.88	95.53	97.65
5	无立木林地	0.00	0.12	0.07	1.35	0.96	0.86	97.39	93.42
6	水域	0.12	0.11	1.90	1.46	0.84	0.87	96.56	97.04
7	未成林地	0.08	0.18	1.94	3.85	0.93	0.89	97.39	97.52
8	疏林地	0.02	0.01	0.40	0.35	0.93	0.92	96.21	95.88
9	苗圃地	0.00	0.00	0.02	0.07	0.94	0.96	95.49	97.58
10	牧草地	0.00	—	0.01	—	0.95	—	92.53	—
12	未利用地	0.01	—	0.29	—	0.91	—	95.43	—

2.6.2　景观水平

在 2006～2016 年间，弥勒市景观的平均形状指数、平均分维数和面积加权平均分维数都呈增长趋势，这反映了景观整体结构趋于不规则，景观中斑块自相似性减小，景观形态趋向复杂化；同时也从另一个侧面反映了人类对生态环境保护和生态恢复取得的成效。景观的总体斑块数量、斑块密度、平均斑块面积的减少和边缘密度增加，反映了景观总体上趋于破碎化，景观异质性增加，这有利于促进物种间相互作用和协同共生的稳定性；促进生物多样性保护和生态功能的发挥。聚集指数(AI)降低，反映同类景观斑块在空间分布上呈现聚集程度减小，镶嵌结构趋向复杂化；而蔓延度指数(CONTAG)和景观斑块结合度(COHESION)有所下降，表明不同类型景观的延展性降低，各类型景观的斑块呈密集格局，景观的破碎化程度较高。牧草地和未利用地景观类型的消失，使得景观丰度(PR)由 12 降为 10，并由此带来景观均匀度增加，多样性指数(SHDI)下降，景观优势度降低(表 2-10)。

表 2-10 弥勒市 2006～2016 年景观水平指数变化情况

指数	2006 年	2016 年	变化量
平均形状指数(SHAPE_MN)	1.69	1.88	0.19
平均分维数(FRAC_MN)	1.09	1.11	0.02
面积加权平均分维数(FRAC_AM)	1.24	1.28	0.04
斑块数(NP)	12024	21974	9950
斑块密度(PD)	3.07	5.61	2.54
边缘密度(ED)	56.30	90.31	34.01
平均斑块面积(AREA_MN)	32.53	17.82	−14.72
聚集指数(AI)	94.37	90.97	−3.41
蔓延度指数(CONTAG)	65.70	61.85	−3.84
景观斑块结合度(COHESION)	99.64	99.52	−0.12
景观丰度(PR)	12.00	10.00	−2.00
景观均匀度(SHEI)	0.57	0.59	0.02
香农多样性指数(SHDI)	1.42	1.36	−0.06

2.6.3 结论

(1)总体看来，弥勒市土地景观格局以有林地景观和农地景观为优势景观，灌木林地次之，整体上形成林农灌木交错的景观格局。斑块的数量和形状不规则性增加，使得景观镶嵌结构更复杂，景观的异质性得到较大提升，这对促进景观内部的物质流、能量流和信息流传递，决定景观中各种物种及其次生种的空间分布特征；改变物种间相互作用和协同共生的稳定性具有重要意义。

(2)景观水平指数表明弥勒市景观整体结构趋于不规则，景观中斑块自相似性减小，景观形态趋向复杂化。因此，在森林城市建设中，应注意不同景观类型斑块的合理布局和镶嵌，在提升景观的异质性和景观丰度同时，还应加强构建琐碎斑块间的连接及森林植被的恢复，避免景观的过度破碎化，这对森林城市景观美感的塑造、景观稳定性的增强及景观多样性的维护均有着重要的意义。

2.7 原野分布及保护空间格局分析

2.7.1 原野的含义

"原野"思想源于西方"荒野"的概念。美国 1964 年《荒野法(Wilderness Act)》把荒野定义为:"是指地球及其生命群落未受人为影响、人类到此只为参观而不居留的区域"。世界自然保护联盟(IUCN)保护地中的定义:"荒野是大部分保留原貌,或轻微被改变的土地或海洋区域,保存着自然特征和感化力,没有永久的或明显的人类聚居点。该区域被保护和管理,以保存其自然状态。"近年来,随着全球环境保护运动的开展,对于荒野自然的研究在我国也逐渐兴起。一些学者针对东西方差异,对荒野定义进行不同的理解和表述。如我国学者李敬尧将荒野划分为三类:"一类是原始荒野,一类是人化荒野,还有一类是人为荒野。"而曹越认为:"荒野是相对的。由于地球上并不存在绝对不能进入的、未被干扰的区域,因而荒野区域及其基本属性是相对而言的。在人类对自然环境影响的连续带谱中,荒野处于带谱中最自然的那一端,其自然程度较高而人类影响较小。"杨宇明和叶文等学者则结合我国古代所蕴含的山水田园文化思想,指出以"原野"表达更为适合我国国情,也容易被大众所理解和接受。

原野是一种客观存在的土地状态和景观类型,其地理空间格局分析对森林城市建设具有重要意义。弥勒自然地理环境和资源的区域差异很大,区位条件和区域间相互关系极其复杂,社会经济发展阶段和基本特征也不同,在森林城市建设非常需要"因地制宜"、"统筹协调"。通过原野空间格局分析,了解不同区域原野地的质量等级、空间分布、面积大小,以及受保护情况;有利于城市建设合理布局,针对特定区域制定不同的发展策略,如对高质量原野区的保护、原野退化区的恢复等。使森林城市建设更能够突出尊重自然、顺应自然的理念,呈现出生产空间集约高效,生活空间舒适宜居,生态空间山青水碧,人口、经济与资源、环境相均衡,经济、生态、社会效益相统一的美好情景。

2.7.2 原野空间分布

1. 原野总体空间分布

根据原野概念及内涵,并参照其他学者的原野制图研究,结合弥勒社会历史背景,应用经典方法来进行弥勒市的原野制图。所选取的数据包括:弥勒市村级驻点分布数据、弥勒市路网分布数据、弥勒市乡镇(街道)人口数据、弥勒市土地利用类型数据等,进而计算距聚居点的遥远度、距可达道路的遥远度、人口分布密度、生物物理自然度(根据不同土地利用类型赋予不同权重值)四个指标,随后应用地理信息系统对其进行加权重叠分析,得到弥勒市原野质量指数。根据指数值按四分位法分为四个等级。

从范围上说，原野区域排除了已开发土地，而是位于未开发土地的范围中。原野质量随着距聚居点的遥远度、距可达道路的遥远度、生物物理自然度的增加而增加，随着人口分布核密度减小而增加，进而原野质量可以分为 4 个别级：一些面积较小的、受一定程度干扰的自然区域可以被认为具有较低级别的原野质量；而面积较大的、完整的自然区域可以被认为具有较高级别的原野质量。从图 4-1 看出：弥勒由西北部、东北至西南的中间带区域的原野面积相对较小、原野质量相对较低，原野地在空间上也呈现出"孤岛化""碎片化"的形态；而北端、西部和东南部的原野面积相对较大、原野质量相对较高。

2. 原野空间分布区域差异

通过计算不同等级原野地在各镇域的分布面积(表 2-11)，可以分析不同等级原野集中分布于哪些行政区域。结果表明，已开发用地主要分布在弥阳镇、新哨镇、朋普镇，占其总面积的 50.77%；1 级原野主要分布在弥阳镇、新哨镇、朋普镇、竹园镇和红溪镇，占其总面积的 72.99%；2 级原野在西二镇较多，占 20.65%，其余各乡镇分布较均衡；3 级原野在巡检司镇、西一镇、五山乡和弥阳镇相对较多，均超过 10%，在其他乡镇则分布较均衡；而五山乡、巡检司镇、东山镇、江边乡、西一镇和西三镇高原野面积较多，4 级原野地占其总面积的 72.18%。

表 2-11　弥勒市不同等级原野地在各镇域占比　　　　　单位:%

地域	已开发用地占比	1 级原野占比	2 级原野占比	3 级原野占比	4 级原野占比
东山镇	6.33	2.80	10.16	7.95	13.57
红溪镇	6.04	11.37	3.16	5.03	1.17
江边乡	2.41	2.92	9.59	5.98	15.25
弥阳镇	25.71	19.59	8.24	10.41	4.96
朋普镇	12.43	12.64	7.78	7.51	8.77
五山乡	2.91	1.51	8.20	11.38	12.18
西二镇	6.41	4.02	20.65	7.08	5.55
西三镇	4.53	3.63	5.85	5.15	13.20
西一镇	4.82	7.05	7.19	12.61	7.94
新哨镇	12.63	17.97	5.46	9.07	4.76
巡检司镇	8.09	5.08	9.37	12.75	10.05
竹园镇	7.70	11.42	4.35	5.09	2.62
合计	100	100	100	100	100

2.7.3　原野保护空间格局

生态公益林覆盖范围广，包括各类保护地林地，是原野保护覆盖面最广的区域。因此，本研究基于生态公益林空间分布，分析弥勒市原野保护空间格局。弥勒原野保护地分布与 3 级和 4 级原野地空间分布相近，反映了绝大多数公益林地基本上位于质量较高的原野地；经统计，位于质量较高原野地（即 3 和 4 级原野地，以下同）的生态公益林地占其总面积的 94.60%。对弥勒各等级原野地受保护面积进行统计，结果表明：划为生态公益林地的 1 级原野地面积占比为 0.29%，2 级原野地面积占比为 5.11%，3 级原野地面积占比为 48.58%，4 级原野地面积占比为 46.01%。表明了较高质量的 3 级和 4 级原野地是林业生态保护的重点区域，且有近半的原野面积通过划为生态公益林地的方式得到了一定的保护；但同时也需要认识到，还有近半的高质量原野地需要加强认识、合理规划、保护及管理。

2.7.4 结论

长期以来，原野区域面临着诸多挑战，人类活动给原野区域施加了多方面的威胁和压力；但随着生态文明建设的实施，公众对于原野区域的景观和生物多样性价值的认知逐渐增强，对于原野带来的经济、社会和文化效益的理解也逐渐增强。原野对森林城市建设具有重要意义，主要体现在两个方面：从客观属性看，原野是一种客观存在的土地状态和景观类型，将原野保护融入森林城市建设体系中，将更能够优化国土空间格局，极大丰富了城市的生物多样性，使森林城市建设更能够突出尊重自然、顺应自然的理念。从主观属性看，原野具有丰富的精神文化价值，能够激发人们对走向原野，回归自然的精神追求，建立积极健康的生活态度与生活方式，而这些由原野衍生出的精神文化正是森林城市建设所需要的。

本书对弥勒原野分析主要基于地理空间分布和区域差异角度，以便于更好的保护和开发利用原野所具有的价值，如建立保护区和生态修复，发展森林旅游和乡村生态旅游等。此外，还应从审美、历史、文化象征、塑造性格、宗教等方面多角度挖掘原野所具有的价值，尤其是城市原野的价值，对塑造特色鲜明的森林城市生态文化具有极其特殊的意义。

2.8 生态适宜性评价分析

生态适宜性是指某一生境斑块对物种生存、繁衍、迁移等活动的适宜性程度。一般来说，生态适宜性越低，景观阻力越大，开展森林城市建设的成本越高。开展弥勒市市域的生态适应性评价有利于全面评估弥勒市建设的生态成本，为弥勒市稳步推进森林城市的建设提供科学指导。本专题研究综合考虑生态适宜性评价的要求，根据弥勒市的自然环境、社会、经济特征，选取坡向、坡度、高程、植被覆盖度、生态公益林、景观类型 6 个主要生态评价因子，对弥勒市市域进行生态适宜性评价。

其中坡向、坡度、高程是通过网上下载数字高程模型（DEM），而得到的基础数据；植被覆盖度是由遥感影像解译获得；生态公益林是由 2016 年弥勒市森林二类调查数据获得；景观类型是由 2.6 节的景观格局分析获得。

2.8.1 生态适宜性影响因子的分析与评价

参考相关学者的研究成果,对本次研究所选择的不同生态因子的生态适宜性进行分析评价。生态适宜性越差,所赋予分值越低,各评价因子的分级状况和评价分值见表2-12。

表 2-12 弥勒市生态因子适宜性评价等级值域

评价因子	分级	评价分值
坡向	南	9
	西南	8
	西	7
	西北	6
	东南	5
	东	4
	东北	3
	北	2
	平地	1
坡度	0°~6.6°	9
	6.6°~11.7°	8
	11.7°~16.5°	7
	16.5°~21.3°	6
	21.3°~26.1°	5
	26.1°~31.2°	4
	31.2°~37.2°	3
	37.2°~45.3°	2
	45.3°~76.27°	1
高程	812~1301m	1
	1301~1496m	3
	1496~1683m	5
	1683~1879m	7
	1879~2359m	9
植被覆盖度	高覆盖度	9
	中高覆盖度	7
	中覆盖度	5
	低覆盖度	3

评价因子	分级	评价分值
生态公益林	国家公益林(特殊)	9
	地方公益林(重点)	7
	地方公益林(一般)	5
	其他地方	1
土地利用景观类型	有林地	9
	水域、灌木林地	7
	未成林地、疏林地、无立木林地、苗圃、宜林地、牧草地	5
	耕地	3
	建设用地、未利用地	1

1. 坡向因子

坡向(aspect)的定义为坡面法线在水平面上的投影的方向(也可以通俗理解为由高及低的方向)。坡向是区域重要的生态影响因子之一，山地生态性的好与坏跟坡向有着很大的关系。山地的坡向不同，接收太阳光照射时间长短、太阳光照射的面积就不相同，接收太阳辐射的强弱也不一样。经分析统计(表 2-13)，弥勒市市域内东南坡向土地所占的面积最大，为 53384.59hm²，占弥勒市市域总面积的 13.64%，主要集中分布在弥勒市西南－北一线的西南段与中间段，西南－东北一线的西南段，及其东南部的南盘江沿线，其他地方均有零散分布；面积最小的坡向是平地，面积 670.33hm²，仅占研究区面积的 0.17%，主要分布在弥勒市市域东北部的一小部分。如果根据阳坡与阴坡来比较分析的话(北半球)，那么阳坡所占比重要大于阴坡。

表 2-13 弥勒市坡向评价结果表

坡向	南/9分	西南/8分	西/7分	西北/6分	东南/5分	东/4分	东北/3分	北/2分	平地/1分
面积/hm²	52349.90	51108.83	48095.38	48924.68	53384.59	49561.17	42855.00	44493.13	670.33
百分比/%	13.37	13.06	12.29	12.50	13.64	12.66	10.95	11.37	0.17

2. 坡度

坡度(slope)是指坡面的铅直高度 h 和水平宽度 L 的比，用字母 i 表示。即：$i=h/L\times100\%$。坡度较小的地方生态敏感性也较低，其生态环境相对不容易遭到破坏，越有利于植物的生长；与之相反，坡度越大，越不利于植被生长，生态敏感度要相对较高。经分析统计表明(表 2-14)，37.2°~45.3°的斜坡所占面积最大，面积为 88515.73 hm²，占研究区面积的 22.61%，主要分布在北部、东北部及西南部区域；0°~6.6°的斜坡所占面积最小，面积为 2869.10hm²，仅占研究区面积的 0.73%。主要分布在东部，且沿南盘江线性分布，其余地方，少量散布。

表 2-14　弥勒市坡度评价结果化表

坡度分级	0°~6.6° /(9分)	6.6°~ 11.7° /(8分)	11.7°~ 16.5° /(7分)	16.5°~ 21.3° /(6分)	21.3°~ 26.1° /(5分)	26.1°~ 31.2° /(4分)	31.2°~ 37.2° /(3分)	37.2°~ 45.3° /(2分)	45.3°~ 76.27° /(1分)
面积/hm²	2869.10	9219.59	18064.09	28749.11	42504.19	59701.94	76373.35	88515.73	65445.90
百分比/%	0.73	2.36	4.61	7.34	10.86	15.25	19.51	22.61	16.72

3. 高程

高程(elevation)是某点沿铅垂线方向到绝对基面的距离。高程既影响着城市的空间布局，又影响着建筑及生物植被的分布。地势越低越适宜建设，但不适合生物栖息。经统计分析(表 2-15)，高程在 1301~1496m 范围内的面积占研究的比例最高，为 24.72%，主要分布在西部，中部的弥阳镇、新哨镇、虹溪镇，东南部的朋普镇、江边乡，东部的东山镇均有分布；1879~2359m 范围，占研究面积的比例为 22.72%，主要分布于北部的西一镇、西三镇，东部及东北部的东山镇与弥阳镇，西部的五山乡；1496m~1683m 范围，占研究区面积的比例为 19.90%，主要分布在西部、东北部、西南部，中部与东部也有零散分布；最后是 1683~1879m 这个范围的，占研究区面积的比例为 19.62%；然后是 812~1301m 这个范围的，占研究区面积的比例为 13.04%。

表 2-15　弥勒市高程评价结果表

高程分级	812~1301m /(1分)	1301~1496m /(3分)	1496~1683m /(5分)	1683~1879m /(7分)	1879~2359m /(9分)
面积/hm²	51031.04	96779.46	77880.36	76802.11	88950.04
百分比/%	13.04	24.72	19.90	19.62	22.72

4. 植被覆盖度

在遥感应用的领域，植被指数(NDVI)已经被广泛的用来定性与定量评价植被覆盖状况与其生长活力度，根据 2.5 节得到的弥勒市 2016 年的植被指数(NDVI)分布图，按照表 2-12 进行重分类并赋值，分别是高覆盖度为 9 分，中高覆盖度为 7 分，中覆盖度为 5 分，低覆盖度为 3 分。经统计分析(表 2-16)弥勒市植被覆盖度的生态适宜性总体比较高，高覆盖度的面积为 229028.45 hm²，占弥勒市市域总面积的 58.51%，主要分布在弥勒市的东部、东南部以及沿北-西南一线分布，这些区域主要是弥勒市已建或在建的森林公园、郊野公园、风景名胜区、湿地公园等绿地；中高覆盖度的面积为 137643.05hm²，占弥勒市市域总面积的 35.16 %，主要分布在弥勒市东北-西南一线的中部(弥阳镇的大部分区域)、西北角、东南角区域，在建或已建的部分森林公园等；中覆盖度的面积为22596.83hm²，占弥勒市市域总面积的 5.77%，主要沿东南-西北一线零散分布，主要分布的镇是弥阳镇、新哨镇、虹溪镇、竹园镇及朋普镇；低覆盖度的面积为2174.67hm²，占弥勒市市域总面积的 0.56%，主要集中在弥勒市东北角，沿东北-西南一线零散分布，此部分大都为建成区的建设用地，植被分布较少。

表 2-16　弥勒市植被覆盖度评价结果表

植被覆盖度分级	高覆盖度/(9 分)	中高覆盖度/(7 分)	中覆盖度/(5 分)	低覆盖度/(3 分)
面积/hm²	229028.45	137643.05	22596.83	2174.67
百分比/%	58.51	35.16	5.77	0.56

5. 生态公益林

公益林是指为维护和改善生态环境，保持生态平衡，保护生物多样性等满足人类社会的生态、社会需求和可持续发展为主体功能，主要提供公益性、社会性产品或服务的森林、林木、林地。国家公益林按照保护等级划分为特殊和重点两个等级，地方生态公益林按照生态区位差异划分为重点生态公益林和一般生态公益林。经统计分析(表 2-17)特殊国家公益林的面积为 62684.12hm²，占弥勒市市域总面积的 16.01 %，主要集中分布在弥勒市的西北部，并零散分布于整个弥勒市；重点地方公益林的面积为 9827.95hm²，占弥勒市市域总面积的 2.51%，主要分布在弥勒市东部、东南部、西部及北部；一般地方公益林的面积为 68567.14 hm²，占弥勒市市域总面积的 17.52%，主要分布在弥勒市的西北角、东北-西南一线、南部、东南部及东部，大范围广布。

表 2-17　弥勒市生态公益林评价结果量化表

生态公益林分级	国家公益林(特殊)/(9 分)	地方公益林(重点)/(7 分)	地方公益林(一般)/(5 分)	其他地方/(1 分)
面积/hm²	62684.12	9827.95	68567.14	250363.79
百分比/%	16.01	2.51	17.52	63.96

6. 景观分类因子

根据 2.6 节中对 2016 年弥勒市的景观格局分析，按表 2-12 将 12 类土地利用景观类型重新划分为 5 大类景观生态影响因子，评分分别赋值，有林地，9 分；灌木林地、水域，7 分；宜林地、无立木林地、未成林地、疏林地、苗圃、牧草地，5 分；耕地，3 分；建设用地、未利用地，1 分。弥勒市内面积最大的是耕地，为 148649.27hm²，占弥勒市市域总面积的 37.97 %，主要沿东北—西南一线分布，在西北部、东南部也分布着一大部分；其次水域与灌木林地共有面积 74138.32hm²，占弥勒市市域面积的 35.85%；而生态适宜性最高的有林地，面积为 140341.49hm²，占弥勒市市域面积的 18.95%，主要分布在西部、北部以及东部；建设用地和未利用地面积为 14243.08hm²，占弥勒市市域面积的 3.64%，未成林地、疏林地、无立木林地、苗圃、宜林地、牧草地共有面积 14070.83hm²，占弥勒市市域面积的 3.59%。

表 2-18　弥勒市景观分类因子评价结果表

景观类型/评分	有林地/(9 分)	水域、灌木林地/(7 分)	未成林地、疏林地、无立木林地、苗圃、宜林地、牧草地/(5 分)	耕地/(3 分)	建设用地、未利用地/(1 分)
面积/hm²	140341.49	74138.32	14070.83	148649.27	14243.08
百分比/%	18.95	35.85	3.59	37.97	3.64

2.8.2　多因子加权赋值与叠加分析

通过查阅相关文献及咨询相关专家的意见，对所选取的 6 种生态适宜性影响因子建立生态适宜性权重等级（表 2-19）。按分值的高低将弥勒市的生态适宜性综合评价分为 4 个级别，分别为：1～3 分，3～5 分，5～7 分，7～9 分，依次对应不适宜区、低适宜区、中适宜区、高适宜区。

表 2-19　弥勒市生态适宜性评价表

生态适宜性分级	不适宜区/(1～3 分)	低适宜区/(3～5 分)	中适宜区/(5～7 分)	高适宜区/(7～9 分)
面积/hm²	32575.08	152732.87	172040.75	34094.30
百分比/%	8.32	39.02	43.95	8.71

2.8.3　结论

通过对生态适宜性综合评价结果进行统计分析可得到以下结论：

（1）弥勒市适宜区面积排序为：中适宜区＞低适宜区＞高适宜区＞不适宜区。中适宜区的面积为 172040.75hm²，占弥勒市面积的 43.95 ％；低适宜区的面积为 152732.87 hm²，占弥勒市面积的 39.02％；高适宜区的面积 34094.30 hm²，占弥勒市面积的 8.71％；不适宜区的面积为 32575.08hm²，占弥勒市面积的 8.32％（统计结果见表 2-19）。由此可见，弥勒市的生态适宜性的面积比例分布为高适宜区和不适宜区比例较小，而低适宜区和中适宜区面积占比较大，呈现出"中间大、两头小"的"菱形"分布比例格局，适宜区的植被覆盖高、生态功能强，应该作为森林城市建设中生态廊道的串联节点，以有效沟通各大生态斑块，缓解生态景观破碎化的趋势；而不适宜区和低适宜区的植被覆盖率低，生态功能较弱，可以做适当的开发利用。

（2）弥勒市生态适宜性最好的高适宜区主要分布在弥勒市的北部、东北部以及南部一小部分，即主要分布在西一镇、西三镇、朋普镇，东山镇、弥阳镇及新哨镇的三镇交界处，在其他乡镇也有零散分布，这些区域是弥勒市在建或已建成的主要森林公园、郊野公园、湿地公园等的所在地；中适宜区主要布局在北部与东部，其他区域也有零散分布；低适宜区主要分布在弥勒市西北角、东北部及东南角；不适宜区主要沿东北－西南一线分布，即主要分布在弥阳镇、新哨镇、虹溪镇、竹园镇及朋普镇等。森林城市建设的生态适宜性是保护生态空间，合理建设空间布局，优化森林城市建设格局的依据。开展森林城市建设要紧密结合生态适宜性的评估与分析，在保护好完整的高功能生态区的同时，降低城市建设对周边环境的负面影响，让森林城市的建设走上环境友好的可持续发展的道路。

第3章　建设现状评价与潜力分析

3.1　森林资源现状分析

3.1.1　林地资源

根据弥勒市2016年森林资源二类调查报告统计结果显示，全市总面积391443hm²，其中：林业用地面积225785.9hm²（包括林业部门管理林地面积218008.2hm²和非林业部门管理林地面积7777.7hm²），占总土地面积的57.68%；非林业用地面积165657.1hm²，占总面积的42.32%。详情见图3-1、表3-1。

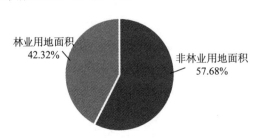

图 3-1　弥勒市土地利用分类示意图

表 3-1　弥勒市林地与非林地面积统计表

统计单位	土地总面积/hm²	林地面积/hm²	比例/%	非林地面积/hm²	比例/%
合计	391443	225785.9	57.68	165657.1	42.32
弥阳镇	40214	18538.7	46.1	21675.3	53.9
新哨镇	31242	14742.1	47.19	16499.9	52.81
虹溪镇	15798	7770.9	49.19	8027.1	50.81
竹园镇	21726	11864.8	54.61	9861.2	45.39
朋普镇	34075	16578.1	48.65	17496.9	51.35
巡检司镇	39284	26221.9	66.75	13062.1	33.25
西一镇	33555	23702.2	70.64	9852.8	29.36

续表

统计单位	土地总面积/hm²	林地面积/hm²	比例/%	非林地面积/hm²	比例/%
西二镇	38195	14744.0	38.60	23451.0	61.40
西三镇	29559	20623.1	69.77	8935.9	30.23
东山镇	35850	25187.1	70.26	10662.9	29.74
五山乡	35689	25512.8	71.49	10176.2	28.51
江边乡	36256	20300.2	55.99	15955.8	44.01

　　弥勒市林地总面积 225785.9hm²。其中：有林地面积 140341.7hm²，占 62.16%；疏林地面积 753.5hm²，占 0.33%；灌木林地面积 71372.0hm²，占 31.61%；未成林造林地面积 7054.7hm²，占 3.12%；苗圃地面积 256.2hm²，占 0.11%；无立木林地面积 1795.5hm²，占 0.80%；宜林地面积 4212.3hm²，占 1.87%。各类林地面积见表 3-2。

表 3-2　弥勒市林地各地类面积统计表　　　　　　　　　　　单位：hm²

统计单位	合计	有林地	疏林地	灌木林地	未成林造林地	苗圃地	无立木林地	宜林地
合计	225785.9	140341.7	753.5	71372.0	7054.7	256.2	1795.5	4212.3
弥阳镇	18538.7	12691.9	—	5177	180.1	256.2	231.5	2.0
新哨镇	14742.1	9367.7	—	4777.6	507.9	—	77.1	11.8
虹溪镇	7770.9	5204.3	2.0	2365.7	34.1	—	68.9	95.9
竹园镇	11864.8	5804.1	—	4891.2	355.2	—	524.1	290.2
朋普镇	16578.1	9872.3	114.7	5121.0	144.4	—	102.8	1222.9
巡检司镇	26221.9	11553.1	251.1	14110.5	36.2	—	74.6	196.4
西一镇	23702.2	14695.7	149.9	7109.5	1688.1	—	59.0	—
西二镇	14744.0	8045.5	—	5630.7	959.3	—	18.0	90.5
西三镇	20623.1	15654.8	—	4791.2	23.7	—	152.0	1.4
东山镇	25187.1	15313.6	129.1	6505.3	1236.5	—	100.0	1902.6
五山乡	25512.8	14169.0	96.6	10047.3	442.5	—	376.1	381.3
江边乡	20300.2	17969.7	10.1	845.0	1446.7	—	11.4	17.3

3.1.2　林种结构

　　全市林业部门管理林地面积 218008.2hm²，其中，有林地、疏林地、灌木林地合计面积 207214.8hm²。按 5 大林种划分为防护林、用材林、经济林、能源林、特殊用途林。其中，防护林 62403.4hm²，占林种统计面积的 30.12%；用材林 86109.4hm²，占林种面积的 41.55%；经济林 3418.3hm²，占林种面积的 1.65%；能源林（原薪炭林）39181.1hm²，占林种面积的 18.91%；特种用途林 16102.6hm²，占林种面积的 7.77%。详见表 3-3、图 3-2。

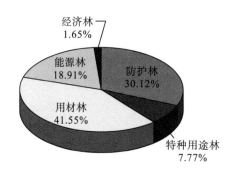

图 3-2　五大林种面积比例图

表 3-3　弥勒市各林种面积统计表

名称	合计	防护林	用材林	经济林	能源林	特殊用途林
面积/hm²	207214.8	62403.4	86109.4	3418.3	39181.1	16102.6
比例/%	100.00	30.12	41.55	1.65	18.91	7.77

弥勒市各乡镇防护林面积为 855.2～13859.2hm²，主要分布在西一镇、西三镇以及东山镇；用材林面积为 4026.0～12328.3hm²，多集中分布于江边乡、五山乡以及弥阳镇；经济面积为 7.3～644.5hm²，多集中分布于东山镇、江边乡、西二镇及新哨镇；能源林面积为 455.9～7473.6hm²，主要分布在五山乡、巡检司镇、西二镇以及弥阳镇；特殊用途林面积为 174.5～6370.6hm²，仅分布于弥阳镇、新哨镇、竹园镇、朋普镇、巡检司镇、西二镇、五山乡以及江边乡。详情见表 3-4。

表 3-4　弥勒市乡镇各林种面积统计表　　　　　　　　　　　　单位：hm²

统计单位	合计	防护林	特种用途林	用材林	能源林	经济林
合计	207214.8	62403.4	16102.6	86109.4	39181.1	3418.3
弥阳镇	16919.9	2368.3	217.3	9972.3	4229.5	132.5
新哨镇	13387.1	5849.9	174.5	5429.2	1494.3	439.2
虹溪镇	7000.9	1037.2	0.0	4026.0	1863.8	73.9
竹园镇	10555.8	1651.9	1691.4	4294.0	2539.9	378.6
朋普镇	14890.0	4669.1	1788.0	6123.8	2117.7	191.4
巡检司镇	25287.2	3601.1	6370.6	8690.5	6552.8	72.2
西一镇	21632.0	13859.2	0.0	4708.0	2963.7	101.1
西二镇	12654.6	855.2	1120.8	5712.4	4475.1	491.1
西三镇	20134.3	11901.1	0.0	5474.5	2502.3	256.4
东山镇	21934.1	11610.9	0.0	7166.2	2512.5	644.5
五山乡	24016.7	2042.4	2309.2	12184.2	7473.6	7.3
江边乡	18802.2	2957.1	2430.8	12328.3	455.9	630.1

3.1.3　林分特征分析

1. 林龄组成

全市纯林、混交林面积 133806.2hm²，蓄积 6986250m³。按龄组分（表 3-5）：幼龄林面积 44295.5hm²，蓄积 1306010m³；中龄林面积 55526.3hm²，蓄积 2896200m³；近熟林面积 27103.6hm²，蓄积 2014690m³；成熟林面积 5879.6hm²，蓄积 642730m³；过熟林面积 1001.2hm²，蓄积 126620m³。

表 3-5　弥勒市纯林、混交林面积蓄积按龄组统计表

统计		幼龄林		中龄林		近熟林		成熟林		过熟林	
面积/hm²	蓄积/m²	面积/hm²	蓄积/m²	面积/hm²	蓄积/m²	面积/hm²	蓄积/m²	面积/hm²	蓄积/m²	面积/hm²	蓄积/m²
合计 133806.2	6986250	44295.5	1306010	55526.3	2896200	27103.6	2014690	5879.6	642730	1001.2	126620
弥阳镇 12071.2	513160	3713.9	80790	5697.6	272460	2343.6	133440	265.6	21040	50.5	5430
新哨镇 8673.9	391610	1890.0	58740	4622.5	213480	2096.8	114160	63.4	5090	1.2	140
虹溪镇 5073.5	361580	510.8	14610	3147.4	211960	1275.7	118500	134.4	16030	5.2	480
竹园镇 5287.8	245640	929.1	22570	2912.1	126430	1080.0	59210	347.2	35040	19.4	2390
朋普镇 9322.4	406030	4005.2	96850	4306.4	220940	906.4	76180	104.4	12060	0.0	0.0
巡检司镇 11348.1	669220	3169.5	75480	4364.9	238050	2222.3	165510	1567.4	186550	24	3630
西一镇 14445.8	704170	8891.4	331540	3564.4	217720	1836.2	134220	116.7	15480	37.1	5210
西二镇 7167.2	389100	2041.8	47940	2588.6	152640	2262.7	162450	261.7	24750	12.4	1320
西三镇 15168.0	1112800	3399.6	150150	5080.0	328790	5237.3	447300	726.7	93750	724.4	92810
东山镇 14309.3	599570	8087.5	220260	4182.1	231780	1259.9	79940	697.9	56970	81.9	10620
五山乡 14095.2	606550	5992.0	152230	5707.6	271880	1895.3	130650	483.1	50080	17.1	1710
江边乡 16843.8	986820	1664.6	54850	9352.7	410070	4687.4	393130	1111.1	125890	28.0	2880

从整体上看，全市以幼、中龄林为主，面积占整个乔木林面积的 74.59%，但蓄积是以中、近熟林占优，蓄积占乔木林蓄积的 70.3%。整体林分呈现幼、中龄林向中、近熟林转变之趋势。

2. 天然林和人工林

全市有林地面积 140341.7hm²、蓄积 6992560m³，按起源分：天然林面积 98609.7hm²、蓄积 5206090m³，人工林面积 41732.0hm²、蓄积 1786470m³。详见表 3-6。

表 3-6　弥勒市有林地面积蓄积按起源统计表

起源	有林地面积/hm²	有林地蓄积/m³	乔木	林地	竹林
			面积/hm²	蓄积/m³	面积/hm²
合计	140341.7	6992560	138043.3	6992560	2298.4
天然	98609.7	5206090	98602.6	5206090	7.1
人工	41732.0	1786470	39440.7	1786470	2291.3

3.1.4　林木蓄积

1. 活立木蓄积量

弥勒市林木活立木蓄积总量为 7271040m³。其中：有林地蓄积 6992560m³，占全市活立木总蓄积量的 96.18％；疏林地蓄积 6730m³，占全市活立木总蓄积量的 0.09％；散生木蓄积 104960m³，占全市活立木总蓄积量的 1.44％；四旁树蓄积 166790m³，占全市活立木总蓄积量的 2.29％。活立木蓄积量最小为竹园镇，占全市活立木总蓄积量的 3.5％；活立木蓄积量最大为西三镇，占全市活立木总蓄积量的 15.61％（表 3-7，图 3-3）。

表 3-7　弥勒市活立木总蓄积统计表

统计单位	合计蓄积/m²	有林地蓄积/m²	疏林地蓄积/m²	散生木蓄积/m²	四旁树蓄积/m²
合计蓄积/m²	7271040	6992560	6730	104960	166790
弥阳镇	547010	513310	—	2090	31610
新哨镇	425980	391960	—	10620	23400
虹溪镇	376400	361580	10	2900	11910
竹园镇	261260	245660	—	7500	8100
朋普镇	431790	406030	770	9280	15710
巡检司镇	701770	669320	4040	18660	9750
西一镇	727960	704460	50	9510	13940
西二镇	406810	389210	—	7560	10040
西三镇	1135270	1116390	—	8920	9960
东山镇	623650	600940	1290	12090	9330
五山乡	628540	606640	460	12010	9430
江边乡	1004600	987060	110	3820	13610

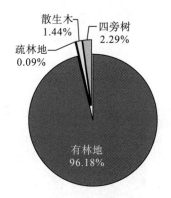

图 3-3　活立木总蓄积量按类型比例图

3.1.5　森林覆盖率

弥勒市森林总面积 162820.2hm²，其中，有林地面积 140341.7hm²，国家特别规定灌木林面积 22478.5hm²。森林覆盖率 41.59％，其中，有林地覆盖率 35.85％，国家特别规定灌木林覆盖率 5.74％。

全市 12 个乡镇中，森林面积最大的是江边乡，面积 18319.6hm²。最小的是虹溪镇，面积 5840.2hm²；森林覆盖率最大的是西三镇，森林覆盖率 60.63％。最小的是西二镇，森林覆盖率 25.02％。详见表 3-8 和图 3-4。

表 3-8　弥勒市森林覆盖率统计表

统计单位	森林面积 /hm²	森林覆盖率/%	有林地		国家特别规定灌木林地	
			面积/hm²	覆盖率/%	面积/hm²	覆盖率/%
合计	162820.2	41.59	140341.7	35.85	22478.5	5.74
弥阳镇	14554.1	36.19	12691.9	31.56	1862.2	4.63
新哨镇	10622.1	34.00	9367.7	29.98	1254.4	4.02
虹溪镇	5840.2	36.97	5204.3	32.94	635.9	4.03
竹园镇	8408.7	38.70	5804.1	26.71	2604.6	11.99
朋普镇	12870.5	37.77	9872.3	28.97	2998.2	8.80
巡检司镇	16599.4	42.25	11553.1	29.41	5046.3	12.85
西一镇	15481.2	46.14	14695.7	43.80	785.5	2.34
西二镇	9554.7	25.02	8045.5	21.06	1509.2	3.95
西三镇	17922.5	60.63	15654.8	52.96	2267.7	7.67
东山镇	15802.3	44.08	15313.6	42.72	488.7	1.36
五山乡	16844.9	47.20	14169.0	39.70	2675.9	7.50
江边乡	18319.6	50.53	17969.7	49.56	349.9	0.97

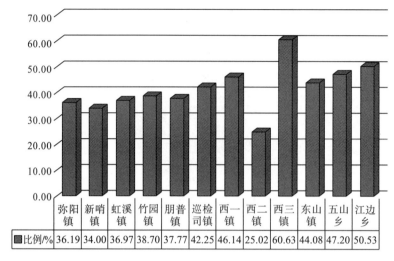

比例/%	弥阳镇	新哨镇	虹溪镇	竹园镇	朋普镇	巡检司镇	西一镇	西二镇	西三镇	东山镇	五山乡	江边乡
比例/%	36.19	34.00	36.97	38.70	37.77	42.25	46.14	25.02	60.63	44.08	47.20	50.53

图 3-4　弥勒市各乡镇森林覆盖率对比图

3.1.6　森林资源空间分布

全市森林资源分布不均，山区半山区乡镇明显比高于坝区乡镇。如巡检司镇、东山镇、五山乡、西一镇、西三镇和江边乡，土地总面积占全市土地面积的 53.70%，但林地面积之和就占全市林地面积的 62.69%。在纳入森林覆盖率计算的有林地和国家特别规定灌木林面积，也呈现相同特点。总体来看，整个弥勒市森林资源呈现四周山地分布多，中间坝区分布少的趋势。

3.2　城市绿地建设现状分析

弥勒市区建城区已建绿地总面积 799.89hm²，其中公园绿地 220.10hm²，占绿地总面积的 27.30%；生产绿地 289.07hm²，占绿地总面积的 35.96%；防护绿地 27.00hm²，占绿地总面积的 3.36%；附属绿地 263.72hm²，占绿地总面积的 32.84%。全市绿地率39.48%，绿化覆盖率 44.48%（表 3-9）。

表 3-9　弥勒市建成区绿地统计

统计单位	建成区面积/hm²	公园绿地面积/hm²	附属绿地面积/hm²	生产绿地面积/hm²	防护绿地面积/hm²	绿地合计/hm²	绿地率/%	绿化覆盖率/%
弥勒市建成区	2026.00	220.10	263.72	289.07	27.00	799.89	39.48	44.48

3.3 湿地资源现状分析

弥勒市湿地总面积为 3582.52hm²，占国土面积的 0.9%。其中自然湿地 916.59hm²，占湿地总面积的 25.6%，人工湿地 2665.93hm²，占湿地总面积的 74.4%。

弥勒市有湿地 2 类 3 型，其中河流湿地 1 类 1 型，人工湿地 1 类 2 型，包括库塘、输水河。从湿地类来看，弥勒有河流湿地 916.59hm²，占湿地总面积的 25.6%；人工湿地 2665.93hm²，占湿地总面积的 74.4%。从湿地型来看，弥勒有永久性河流 916.59hm²，占湿地总面积的 25.6%；库塘湿地 2648.33hm²，占湿地总面积的 73.9%；运河、输水河 17.6hm²，占湿地总面积的 0.5%。详见表 3-10。

表 3-10　弥勒市不同类型湿地面积统计

湿地类	湿地型	面积/hm²	湿地型比例/%	湿地类面积/hm²	湿地类比例/%
河流湿地	永久性河流	916.59	25.60	916.59	25.60
	季节性河流	—	—		
	喀斯特溶洞湿地	—	—		
	洪泛平原湿地	—	—		
人工湿地	库塘	2648.33	73.90	2665.93	74.40
	运河、输水河	17.60	0.50		
	水产养殖场	—	—		
合计		3582.52	100.00	3582.52	100.00

3.4 森林城市创建基础评价

2012 年，国家林业局发布了《国家森林城市评价指标》（LY/T 2004—2012），该标准规定了国家森林城市建设总体要求以及城市森林网络、城市森林健康、城市林业经济、城市生态文化和城市森林管理等 5 大类 40 项指标。现对照指标对弥勒市森林城市建设现状分析如下。

3.4.1 城市森林网络

1. 市域森林覆盖率

指标要求：年降水量 800mm 以上地区的城市市域森林覆盖率达到 35% 以上，且分布均匀，其中三分之二以上的区、县森林覆盖率应达到 35% 以上。

现状：弥勒市全市森林总面积 162820.2hm²，森林覆盖率为 41.59%，林木活立木蓄积总量为 7271040m³。全市现有林业用地面积 225785.9hm²，其中：有林地面积 140341.7hm²、疏林地面积 753.5hm²、灌木林地面积 71372.0hm²、未成林造林地面积 7054.7hm²、苗圃地面积 256.2hm²、无立木林地面积 1795.5hm²、宣林地面积 4212.3hm²。有林地中乔木林 138043.3hm²，竹林 2298.4hm²。

陆地森林覆盖率＝(有林地面积＋国家特别规定的灌木林地面积＋其他有林地面积＋四旁树占地面积)/陆地面积×100％＝41.59％。弥勒市森林覆盖率 41.59％。市域的森林覆盖率达到 35％以上。

评价：达标

2. 新造林面积

指标要求：自创建以来，平均每年完成新造林面积占市域面积的 0.5％以上。

评价：待建指标，根据《国家森林城市评价指标》规定，创建期每年新造林面积占市域面积的 0.5％以上的指标要求，弥勒市创建期间全市每年至少需完成新造林面积 1957.22hm²。

3. 城区绿化覆盖率

指标要求：城区绿化覆盖率达到 40％以上。

现状：根据市住建局提供的 2016 年基础数据，统计弥勒市建成区的面积、绿地总面积、绿地率和绿化覆盖率(表 3-11)。

表 3-11　弥勒市建成区绿化覆盖率统计表

建成区面积/hm²	公园面积/hm²	各类型绿地面积/hm²	绿地率/％	绿化覆盖率/％
2026	220.1	799.89	39.48	44.48

据上表，2016 年底，弥勒市主城区建成区绿地面积为 799.89hm²，建成区绿地率 39.48％，绿化覆盖率达 44.48％，符合国家森林城市的指标要求。

评价：达标。

4. 城区人均公园绿地面积

指标要求：城区人均公园绿地面积达到 11m³ 以上。

现状：根据市住建局提供的 2016 年基础数据，统计弥勒市建成区的人口、公园绿地面积，计算人均公园绿地面积(表 3-12)。

表 3-12　弥勒市人均公园绿地面积统计表

建成区人口/万人	公园绿地面积/hm²	人均公园绿地面积/(m²/人)
14.76	220.1	14.91

弥勒市城区有庆来公园综合公园 1 个，综合公园总面积 5.84hm²。社区公园有温泉社区游园、烟草公司游园、红河烟厂社区公园 3 个，社区公园面积 10.78hm²。专类公园

有玉皇阁森林公园、湖泉生态园 2 个，专类公园面积 181.75hm²。带状公园有二环北路绿地 1 个，带状公园面积 0.33hm²。街旁绿地有湖泉广场、弥勒会堂、弥勒文体中心广场、喷泉绿地、湖泉湾 1 号、福地半岛、民族文化博览园、弥勒大道与髯翁路交叉口游园、髯翁路与中山路交叉口游园、中山路与上清路交叉口游园、弥勒大道护坡绿化、其他街旁绿地 12 个，街旁绿地面积 21.42hm²。据上表，2016 年底，弥勒市主城区建成区人口 14.76 万人，建成区公园绿地面积 220.1hm²，人均公园绿地面积 14.91m³。符合国家森林城市的指标要求。

评价：达标

5. 城区乔木种植比例

指标要求：城区绿地建设应该注重提高乔木种植比例，其栽植面积应占到绿地面积的 60% 以上。

现状：根据弥勒市住建局提供的 2016 年基础数据，统计弥勒市建成区的绿地面积，栽植乔木绿地面积，计算城区乔木种植比例（表 3-13）。

表 3-13 弥勒市建城区乔木种植比率统计

绿地面积/hm²	栽植乔木绿地面积/hm²	城区乔木种植比例/%
799.89	610.28	76.30

现状：据上表，2016 年底，弥勒市主城区建成区绿地面积为 799.89hm²，建成区栽植乔木绿地面积 610.28hm²，城区乔木种植比例 76.30%。超过国家森林城市的指标要求。

评价：达标。

6. 城区街道绿化

指标要求：城区街道的树冠覆盖率达到 25% 以上。

现状：根据市住建局提供的 2016 年基础数据，统计弥勒市建成区的道路用地面积，建成区乔木投影面积，计算城区街道树冠覆盖率（表 3-14）。

表 3-14 弥勒市建城区道路树冠覆盖率统计

道路用地面积/hm²	道路乔木投影面积/hm²	树冠覆盖率/%
243.39	65.72	27.00

现状：弥勒市主城区道路用地面积 243.39hm²，建成区道路绿地乔木投影面积 65.72hm²，城区街道树冠覆盖率 27.00%。弥勒市建成区街道树冠覆盖率超过 25%。

评价：达标。

7. 城区地面停车场绿化

指标要求：自创建以来，城区新建地面停车场的乔木树冠覆盖率达 30% 以上。

评价：待建指标。

8. 城市重要水源地绿化

指标要求：城市重要水源地森林植被保护完好，功能完善，森林覆盖率达到70％以上，水质净化和水源涵养作用得到有效发挥。

现状：弥勒市城市集中饮用水源地包括洗洒水库、雨补水库、大树龙潭水库三个水库。城市集中饮用水源地森林植被保护情况良好，功能完善，水质达标，水源地森林覆盖率分别为82.19％，86.23％，76.10％。

评价：达标。

9. 休闲游憩绿地建设

指标要求：城区建有多处以各类公园为主的休闲绿地，分布均匀，使市民出门500m有休闲绿地，基本满足本市居民日常游憩需求；郊区建有森林公园、湿地公园和其他面积20hm² 以上的郊野公园等大型生态旅游休闲场所5处以上。

现状：弥勒市主城区有综合公园1个、社区公园3个、专类公园2个、带状公园1个、街旁绿地19个。公园绿地分布均匀，市民出门500m有休闲绿地，能满足本市居民日常游憩需求。弥勒市郊区有面积20hm² 以上郊野公园2个，森林公园1个。

评价：不达标。主要为森林公园、湿地公园和其他面积20hm² 以上的郊野公园数量不足5个，需在创建期加强上述类型公园的建设。

10. 村屯绿化

指标要求：村旁、路旁、水旁、宅旁基本绿化，集中居住型村庄林木绿化率达30％，分散居住型村庄达15％以上。

现状：通过多年美丽乡村建设、传统村落保护及城乡绿化三年攻坚行动，弥勒市村庄绿化取得明显成绩，统计弥勒市各乡镇集中居住型村庄林木绿化率达标比率为22.9％，分散居住型村庄林木绿化率达标比率为66.8％（表3-15）。弥勒市集中居住型村庄平均林木绿化率为13.6％，分散居住型村庄林木绿化率平均为20.7％（表3-16）。

表3-15　弥勒市村庄林木绿化达标率统计表

乡镇名称	集中居住型村庄数量/个	林木绿化率达标数量/个	达标比率/％	分散居住型村庄数量/个	林木绿化率达标数量/个	达标比率/％
合计	118	27	22.9	725	484	66.8
东山镇	8	1	12.5	55	54	98.2
虹溪镇	9	4	44.4	72	61	84.7
江边乡	9	0	0.0	53	11	20.8
弥阳镇	6	0	0.0	3	0	0.0
朋普镇	11	0	0.0	71	4	5.6
五山乡	8	0	0.0	41	23	56.1

续表

乡镇名称	集中居住型村庄数量/个	林木绿化率达标数量/个	达标比率/%	分散居住型村庄数量/个	林木绿化率达标数量/个	达标比率/%
西二镇	12	2	16.7	133	121	91.0
竹园镇	10	0	0.0	75	25	33.3
巡检司镇	9	4	44.4	64	63	98.4
新哨镇	17	9	75.0	86	86	100.0
西一镇	10	0	0.0	35	0	0.0
西三镇	9	7	77.8	37	36	97.3

表 3-16　弥勒市村庄林木绿化率统计表

乡镇名称	集中居住型村庄居民点面积/hm²	林木绿化面积/hm²	林木绿化率比率/%	分散居住型村庄居民点面积/hm²	林木绿化面积/hm²	林木绿化率/%
合计	2747.3	373.0	13.6	6203.2	1282.4	20.7
东山镇	110.4	27.1	24.5	365.9	108.7	29.7
虹溪镇	155.5	33.8	21.7	527.8	145.8	27.6
江边乡	58.0	5.9	10.2	153.1	15.2	9.9
弥阳镇	28.6	1.15	4.0	5.13	0.32	6.2
朋普镇	364.4	17.9	4.9	551.1	34.6	6.3
五山乡	225.2	22.5	10.0	687.2	101.3	14.7
西二镇	178.5	47.8	26.8	697.4	179.3	25.7
竹园镇	287.7	13.0	4.5	461.6	42.9	9.3
巡检司镇	116.9	28.4	24.3	337.5	98.2	29.1
新哨镇	625.8	82.5	13.2	1249.3	392.2	31.4
西一镇	321.7	21.0	6.5	573.3	40.1	7.0
西三镇	274.6	71.9	26.2	593.9	123.8	20.8

评价：不达标。依托农村环境整治、美丽乡村建设和乡村旅游建设项目，大力开展绿化家园行动。在村庄四周开展防护林、景观林建设，村庄公共用地进行"见缝插绿"，房前屋后开展四旁绿化。

11. 森林生态廊道建设

指标要求：主要森林、湿地等生态区域之间建有贯通性的森林生态廊道，宽度能够满足本地区关键物种迁徙需要。

现状：弥勒市地处滇东高原南部，境内山岭均属横断山脉中云岭分支的绛云露山脉（乌蒙山脉）的南延部分。地貌类型复杂，南盘江沿岸形成中山切割，局部深切割形成山地高原地貌。高山、狭长的平坝、丘陵、河谷多种地貌并存、山水相依。主要森林、湿地等生态区域之间建有贯通性的森林生态廊道，宽度能够满足本地区关键物种迁徙需要。

评价：达标。

12. 水岸绿化

指标要求：江、河、湖、海、库等水体沿岸注重自然生态保护，水岸林木绿化率达80%以上。在不影响行洪安全的前提下，采用近自然的水岸绿化模式，形成城市特有的水源保护林和风景带。

现状：长期以来，围绕水岸保护、景观营造，弥勒市积极开展水岸绿化，弥勒市河道总长度615.48km，适宜绿化长度208.30km，实际绿化长度109.40km，河道林木绿化率52.52%（表3-17）。小（一）型以上水库21座，天然湖泊3个，人工湖2个，湖泊水库岸线长度102.45km，适宜绿化长度63.82km，实际绿化长度36.52km，湖泊水库岸线林木绿化率57.22%（表3-18）。

表 3-17　弥勒市河道林木绿化统计表

河道长度/km	宜绿化长度/km	已绿化长度/km	林木绿化率/%
615.48	208.30	109.40	52.52

表 3-18　弥勒市湖泊水库林木绿化统计表

湖泊水库岸线长度/km	宜绿化长度/km	已绿化长度/km	林木绿化率/%
102.45	63.82	36.52	57.22

评价：不达标。需进一步加强水岸林木绿化。

13. 道路绿化

指标要求：公路、铁路等道路绿化注重与周边自然、人文景观的结合与协调，因地制宜开展乔木、灌木、花草等多种形式的绿化，林木绿化率达80%以上，形成绿色景观通道。

现状：根据弥勒市交通局提供的2016年基础数据，统计弥勒市各不同类型、等级道路长度、适宜绿化长度和实际绿化长度，计算道路林木绿化率（表3-19）。

表 3-19　弥勒市道路林木绿化统计表

列入国家统计公路里程/km	高铁/km	地方管高速公路/km	地方管国省道/km	农村公路/km				宜绿化里程/km	已绿化里程/km	林木绿化率/%
				县道	乡道	村道	专用公路			
3524.45	67.90	119.50	357.70	326.90	952.57	1662.27	37.60	2181.25	1145.50	52.52

弥勒市各型道路总长度3524.45km，适宜绿化长度2181.25km，实际绿化长度1145.50km，道路林木绿化率52.52%（表3-19）。弥勒现有铁路总里程67.90km，适宜绿化长度23.4km，实际绿化长度14.2km，铁路林木绿化率60.68%。

评价：不达标。需进一步加强道路林木绿化。特别是绿道建设、慢行道建设和其他高质量道路绿化仍有待进一步加强。

14.　农田林网建设

指标要求：城市郊区农田林网建设按照国家林业局 GB/T 18337.3 要求达标。

现状：弥勒市的国土大部分为山地和丘陵，分布在山地和丘陵的农田由于较分散，面积较小，周边即为山地森林，无须建设农田林网。分布在高原盆地坝区的农田已按照要求和实际情况开展农田林网建设。

评价：达标。

15.　防护隔离林带建设

指标要求：城市周边、城市组团之间、城市功能分区和过渡区建有生态防护隔离带，减缓城市热岛效应、净化生态功效显著。

现状：弥勒市城市不同功能分区之间、城市建成区与规划区之间、规划区与近郊之间均建有一定数量的生态防护林带和景观林带。有效增加了城市森林数量和质量，减缓城市热岛效应、净化生态功效显著。

评价：达标。

3.4.2　城市森林健康

1.　乡土树种使用

指标要求：植物以乡土树种为主，乡土树种数量占城市绿化树种使用数量的 80% 以上。

现状：弥勒市在城市绿化中遵循宜林荒山以乡土树种为主，经济与生态效益并重的原则，城乡绿化建设以乡土植物为主，乔木树种中大量应用华山松、云南松、桤木、滇油杉、滇青冈、麻栎、槲栎、黄连木、香樟、清香木等乡土植物。城乡绿化中乡土树种使用数量占树种使用数量的 85%。

评价：达标。

2.　树种丰富度

指标要求：城市森林树种丰富多样，城区某一个树种的栽植数量不超过树木总数量的 20%。

现状：弥勒市在城市绿化建设中注重景观植物多样性，城市绿地树种丰富度较高。弥勒城市绿化中最为常见的绿化树种为虎克榕，虎克榕的栽植数量占乔木栽植数量的 11.6%。

评价：达标。

3.　郊区森林自然度

指标：郊区森林质量不断提高，森林植物群落演替自然，其自然度应不低于 0.5。

现状：弥勒市地处亚热带地区，地形地貌复杂多样，立体气候特征较明显，具有从南亚热带至暖温带的气候类型特点，广泛分布着不同的森林植物群落，植被类型和植物种类丰富，常见的有松科、壳斗科、樟科、漆树科、菊科、蝶形花科等科的植物，经过长期的封山育林和植树造林，森林自然度在不断提高，经计算，2016年弥勒市森林自然度达到0.57。

评价：达标。

4. 造林苗木使用

指标要求：城市森林营造应以苗圃培育的苗木为主，因地制宜地使用大、中、小苗和优质苗木。禁止从农村和山上移植古树、大树进城。

现状：弥勒市城市森林建设全部应用苗圃培育的苗木，少量的大树移植均为苗圃培育的大苗，苗木自给率为82.12%，不存在古树进城和野生大树移栽现象。受市场及其他多方因素的影响，在城乡绿化建设中存在截冠移栽、种类单一、小苗比例过大、大中苗比例过低等问题，一定程度上影响了绿地的生态效益和景观效果。

评价：达标，但有待加强。

5. 森林保护

指标要求：自创建以来，没有发生严重非法侵占林地、湿地，破坏森林资源，滥捕乱猎野生动物等重大案件。

评价：待查。

6. 生物多样性保护

指标要求：注重保护和选用留鸟、引鸟树种植物以及其他有利于增加生物多样性的乡土植物，保护各种野生动植物，构建生态廊道，营造良好的野生动物生活、栖息自然生境。

现状：弥勒市在城市绿化建设中，注重采用观花、观果等留鸟、引鸟植物。全市已建成郊野公园2个，森林公园1个，认真落实《云南省生物多样性保护工程规划》，以野生苏铁保护区、锦屏山省级森林公园、市级西山管护区为重点，科学构建生物多样性保护体系，依法保护野生动植物物种和自然生态系统。但是全市没有一个自然保护区，自然保护区建设需要进一步加强。

评价：不达标，需加强自然保护区建设。

7. 林地土壤保育

指标要求：积极改善与保护城市森林土壤和湿地环境，尽量利用木质材料等有机覆盖物保育土壤，减少城市水土流失和粉尘侵害。

现状：通过开展封山育林、护林和推广环保型整地方式、立体绿化、乔灌草搭配等一系列措施，林地土壤得到有效保育，但在城市树木有机地表覆盖方面有待于进一步加强。

评价：有待加强。

8. 森林抚育与林木管理

指标要求：采取近自然的抚育管理方式，不过度要求整齐划一和对植物进行过度修剪。

现状：森林抚育是促进林木生长关键环节，也是提高森林质量、增加森林资源的根本措施，弥勒市非常重视森林抚育和林木管理工作，但在近自然化管理方面有待加强。

评价：待提升。

3.4.3　城市林业经济

1. 生态旅游

加强森林公园、湿地公园和自然保护区的基础设施建设，注重郊区乡村绿化、美化建设与健身、休闲、采摘、观光等多种形式的生态旅游相结合，积极发展森林人家，建立特色乡村生态休闲村镇。

现状：弥勒市地处滇东南，是红河州的北大门，历史悠久，自然环境优美，山清水秀，旅游资源丰富。近年来，弥勒市委、市政府坚持实施"改革活市、产业强市、依法治市"三大战略，加速推进"农业产业化、新型工业化、旅游特色化、城市精品化"四化进程，致力把弥勒建设成为生态宜居、美丽和谐的"云南省重要旅游城市""云南省休闲度假旅游示范城市"。弥勒市拥有 4A 级景区 1 个、3A 级景区 1 个、2A 级景区 1 个、国家工农业旅游示范点 2 个。其中风景优美的锦屏山风景区，人文旅游景点熊庆来故居、玉皇阁风景区、小寨村清真寺、红万村是弥勒市生态旅游景点的代表(表 3-20)。

表 3-20　弥勒市主要生态旅游景区

类别	名称	属地
4A 级景区	湖泉生态园	弥阳镇
3A 级景区	可邑小镇	西三镇
2A 级景区	白龙洞风景区	虹溪镇
国家工农业旅游示范点	云南红酒庄	东风农场管理局
	红河卷烟厂	弥阳镇

评价：达标，但有待加强。主要是以满足当地居民休闲游憩、健康养生、科普宣教、文化传承的森林公园、郊野公园、湿地公园数量不足。近郊山地风景游憩林基础设施尚待进一步完善。

2. 林产基地

指标要求：建设特色经济林、林下种养殖、用材林等林业产业基地，农民涉林收入逐年增加。

现状：弥勒市立足资源优势，扎实推进高原特色林业产业建设，巩固发展好木材加工、观赏苗木、野生动物驯养繁殖等传统产业，积极发展林下经济、生态旅游、森林庄园等林业新业态，全面实施林业产业提升工程，带动产业结构调整和转型升级。全市经济林木(含未成林造林地、四旁及散生)折算面积 16000.5hm²，核桃、板栗和柑橘是主要发展的经济树种，其中又以核桃为全市经济树种发展的重点。野生动物驯养繁殖和经营利用单位 19 家，年产值 432 万元；苗木基地建设稳步发展，林业种植基地 17 家，种植面积达约 480hm²，年产值达 3630 万元。林业加工基地 22 家，木材加工年产值 1420 万元。林业企业健康发展，林业招商显示旺盛生命力，引资力度不断加大。林业内部结构得到优化，林区群众收入逐年提高。

评价：达标。

3. 林木苗圃

指标要求：全市绿化苗木生产基本满足本市绿化需要，苗木自给率达 80％以上，并建有优良乡土绿化树种培育基地。

现状：弥勒市林地资源丰富，树种多样性水平高，随着城乡绿化建设对林木花卉的需求，大力发展林木花卉苗圃基地，目前弥勒市林木花卉苗圃基地总面积为 480.02hm²，林木花卉苗圃场 17 个，苗木自给率达 82％。

评价：达标。

3.4.4　城市生态文化

1. 科普场所

指标要求：在森林公园、湿地公园、植物园、动物园、自然保护区的开放区等公众游憩地，设有专门的科普小标识、科普宣传栏、科普馆等生态知识教育设施和场所。

现状：弥勒市目前在城市公园、森林公园、风景名胜区等场所均建有一定数量的生态知识科普宣教设施，但有针对性和有特色的生态文化科普宣传较少。

评价：有待提升，需结合资源特点和历史文化特征进一步丰富和拓展。

2. 义务植树

指标要求：认真组织全民义务植树，广泛开展城市绿地认建、认养、认管等多种形式的社会参与绿化活动，建立义务植树登记卡和跟踪制度，全民义务植树尽责率达 80％以上。

现状：弥勒市各级党政领导和机关事业单位干部职工每年坚持参加义务植树，为城乡绿化建设、推进森林城市创建工作率先垂范，各学校、团体、协会等组织纷纷参加义务植树活动，建立义务植树登记卡和跟踪制度，近年来全市义务植树尽责率为 82％。

评价：达标。

3. 科普活动

指标要求：每年举办市级生态科普活动 5 次以上。

现状：弥勒市各部门利用植树节、爱鸟周、地球日等重要环保节日组织开展各种形式的生态科普宣传活动，全市平均每年举办市级生态科普活动 6 次以上。

评价：达标。

4. 古树名木

指标要求：古树名木管理规范，档案齐全，保护措施到位，古树名木保护率达 100％。

现状：古树名木是悠久历史的见证，也是社会文明程度的标志。古树名木所蕴藏的珍贵物种基因在整个生物圈中起着重要的作用，与人类社会的持续发展息息相关，古树名木是历史留给城市的宝贵财富。它见证着城市环境与历史的变迁，承载着历史、人文与环境的信息，是不可再生、不可替代的活文物。弥勒市高度重视古树名木保护工作，市林业部门组织开展了古树名木普查工作，建立健全古树名木保护管理制度，对古树名木实行了统一管理，并委托相关部门编制《弥勒市古树名木保护规划》，全市现有古树名木已全部建档挂牌，得到全面保护。

评价：达标。

5. 市树市花

指标要求：经依法民主议定，确定市树、市花，并在城乡绿化中广泛应用。

现状：市树、市花是城市文化内涵、人文精神和地域特征的重要载体，是城市形象的重要标志。市树、市花的确定及推广应用对优化城市人文及生态环境，提高城市品位和知名度，促进城市文化传承和发展具有重要意义。弥勒市绿地系统规划中推荐清香木为弥勒市市树、刺桐为弥勒市市花。2017 年 2 月，弥勒市已启动市树、市花评选的法定程序，市树市花的评选工作正在进行中。

评价：未达标。

6. 公众态度

指标要求：公众对森林城市建设的支持率和满意度应达到 90％以上。

现状：弥勒市于 2017 年 2 月制定了创建国家森林城市宣传方案。通过报纸、电视、政府网站、微信、短信、电子屏幕、宣传片、横幅、标语等现代和传统媒介向广大居民宣传国家森林城市创建的意义、目标、途径和方法，传播生态文化，实现大地植绿、心中播绿的目标。

评价：待查，需在创建期进一步创新宣传方式，加大宣传频度，强化宣传效果。

3.4.5　城市森林管理

1. 组织领导

指标要求：党委政府高度重视，按照国家林业局正式批复同意开展创建活动2年以上，创建工作指导思想明确，组织机构健全，政策措施有力，成效明显。

现状：弥勒市各级党委政府高度重视森林城市建设，市级层面成立了以市委书记为指挥长，市长为常务副指挥长，市委副书记、副市长为副指挥长，市有关部门和乡镇党政主要负责人为成员的国家森林城市创建指挥部，指挥部下设办公室，具体负责创建国家森林城市日常工作及全市创建国家森林城市的协调、监督、指导，办公室主任由市林业局局长兼任。各乡镇和市各有关部门要按照全市的统一要求，成立相应工作机构，落实责任部门，制定实施方案，分解工作任务，精心组织重点工程的实施，形成"高位推动、部门联动、上下互动"的组织模式。

评价：达标。

2. 保障制度

指标要求：国家和地方有关林业、绿化的方针、政策、法律、法规得到有效贯彻执行，相关法规和管理制度建设配套高效。

现状：弥勒市认真贯彻执行国家和地方有关林业绿化的方针政策、法律法规，完善相关法规和管理制度。

评价：达标，需进一步巩固完善。

3. 科学规划

指标要求：编制《森林城市建设总体规划》，并通过政府审议、颁布实施2年以上，能按期完成年度任务，并有相应的检查考核制度。

现状：2016年12月，弥勒市林业局委托西南林业大学编制《弥勒市国家森林城市建设总体规划（2017—2026）》。

评价：正在实施。

4. 投入机制

指标要求：把城市森林作为城市基础设施建设的重要内容纳入各级政府公共财政预算，建立政府引导，社会公益力量参与的投入机制。该机制自创建以来，城市森林建设资金逐年增加。

现状：弥勒市将森林城市建设纳入各级政府公共财政预算，并建立了"政府引导、社会公益力量参与"的投入机制。

评价：正在实施。

5. 科技支撑

指标要求：城市森林建设有长期稳定的科技支撑措施，按照相关的技术标准实施，制订符合地方实际的城市森林营造、管护和更新等技术规范和手册，并有一定的专业科技人才保障。

现状：弥勒市依托西南林业大学、云南大学、昆明理工大学、云南省林科院、云南省林业职业技术学院等高校和林业类科研院所，实施国家和地方的科技支撑项目，开展科学试验，并且根据林业发展需要和林技人员专业知识水平状况，经常组织开展继续教育和技术培训。

评价：待提升。由于受编制的限制，林业专业技术人员总体力量仍显不足，高水平林业科技领军人物缺乏，要进一步加强科技队伍建设，不断提高林业科技人员的专业素养和业务能力。

6. 生态服务

指标要求：财政投资建设的森林公园、湿地公园及各类城市公园、绿地原则上都应免费向公众开放，最大限度让公众享受森林城市建设成果。

现状：弥勒市各级财政投资建设的森林公园、湿地公园以及各类城市公园、绿地全部免费向公众开放。

评价：达标。

7. 森林资源和生态功能监测

指标要求：开展城市森林资源和生态功能监测，掌握森林资源的变化动态，核算城市森林的生态功能效益，为建设和发展城市森林提供科学依据。

现状：按照有关技术规程和要求定期组织开展森林资源清查，建立森林资源监测样地，掌握森林资源变化动态。

评价：待提升。特别是城市森林的生态服务功能监测有待于进一步加强。

8. 档案管理

城市森林资源管理档案完整、规范，相关技术图件齐备，实现科学化、信息化管理。

现状：所有档案实行纸质文档和电子文档双轨制。日常森林资源档案管理规范、科学、连续、完整、准确，文字、图、表等材料齐全。

评价：达标。

3.4.6　弥勒市创建国家森林城市达标情况分析

对照《国家森林城市评价指标》（LY/T 2004—2012）中城市森林网络、城市森林健康、城市林业经济、城市生态文化、城市森林管理等五个方面的 40 项指标，弥勒市已达标指标 23 项。待建指标 2 项，分别为新造林面积、城区地面停车场绿化。正在实施 2

项，分别为科学规划、投入机制。待查指标 2 项，分别为森林保护和公众态度。待提升指标 5 项，分别为林地土壤保育、森林抚育与林木管理、科普场所与设施、科技支撑、森林资源与生态功能监测。未达标指标 6 项，分别为村屯林木绿化率、水岸林木绿化率、道路林木绿化率、市树市花、休闲游憩绿地建设和生物多样性保护。

3.5 森林城市建设取得的成就

3.5.1 森林数量质量稳步提升

新中国成立以来，弥勒市林业生态建设经历了从破坏性开发到边治理边发展，从一般治理到工程治理，从被动治理到建设开发相结合的发展过程。20 世纪 50~70 年代发生了几次集中过量采伐，导致大面积森林被砍伐，进入 80 年代特别是"八五"以来，由于坚持保护和发展并举的原则，致力于森林植被的恢复和生态改善，生态建设有了新的进展。

近年来，弥勒市林业发展步入快速发展时期。林业生产坚持造封结合、以造为主、造管并重的方针，严格规划设计、严格施工管理、严格检查验收。先后实施了天保工程、退耕还林工程、面山绿化工程、农村能源建设工程等，取得了较好的社会、经济、生态效益。实现了森林覆盖率、林地面积、森林面积和蓄积量等森林资源数量指标总体上连续增长，森林资源的数量与质量明显提升。

3.5.2 城区绿化建设成效斐然

弥勒市以优美的自然生态景观环境、悠久的历史文化为载体，突出"山、水、田、城"，全力构建城市生态网络绿地体系。强力推进城市绿地建设工程，不断扩充城市绿地总量，提升城市绿化水平。按照公园绿地服务半径 500m 的覆盖要求，着力开展公园绿地建设。弥勒市建成区现有公园绿地面积 220.1hm²，人均公园绿地面积 14.91m²。公园类型较为丰富，包括综合性公园、社区公园、专类公园、带状公园及街旁绿地等。同时加强各类附属绿地建设。建成区内道路绿化绿化普及率达到 100%，城市道路绿化达标率 90.2%，加强城市外围绿地建设，建成防护绿地 27hm²，城市防护绿地实施率 92.58%。城区各项绿化建设指标达到国家园林城市标准，成功创建为国家园林城市。

3.5.3 生态网络建设持续增强

2014 年起，弥勒市实施城乡绿化三年攻坚行动，积极开展道路水网绿化建设。交通运输系统以推进绿色交通建设为契机，坚持"以质为先"原则，强化绿化质量管理，全面推进绿色通道建设。截至 2016 年，全市各级道路 3524.45km，宜绿化路段

2181.25km，已绿化路段 1145.50km，道路林木绿化率 52.52％。铁路系统坚持新线绿化建设与主体工程"同步设计、同步施工、同步验收"原则，科学优化绿化方案，严控绿化施工质量，确保在新线开通之前绿化达标。组织实施缺株断带补植、林带加厚、林分更新、排查处理危树等项目，提升绿化质量，巩固绿化成果，确保沿线美观安全。水利系统加强水利工程沿线、沿岸和库区周边绿化，水利工程区植被覆盖度持续提高，涵养水源、保持水土功能明显提升，进入江河湖库的泥沙减少，延长了水利工程使用寿命。截至 2016 年，弥勒市河道林木绿化长度 109.4km，林林绿化率 52.52％。湖库沿岸林木绿化长度 36.52km，湖库林木绿化率 57.22％。

3.5.4 城市面山建设成果显著

弥勒市城市面山土地总面积 773hm²，其中有林地面积 533.93hm²，占 69.1％；灌木林地面积 98.53hm²，占 12.7％；旱地面积 71.6hm²，占 9.3％。荒草地面积 68.93hm²，占 8.9％。城市面山已绿化的面积共计 632.46hm²，占城市面山总面积的 81.8％，待绿化面积 140.53hm²，占城市面山总面积的 18.2％。

通过实施城市面山绿化工程，弥勒市面山林地面积、森林面积不断增加，特别是森林质量显著提高，面山与绿色城镇、绿色村庄融为一体。通过在面山建设防护林（带）、景观林、经济林，发展林下产业和生态旅游，除改善城市及周边地区生态环境外，还取得了可观的经济效益，为创建国家森林城市打下坚实基础。

3.5.5 林业产业建设成就突出

弥勒市围绕生态建设和林业产业发展，依托天然林保护、巩固退耕还林成果、石漠化综合治理等工程建设，大力发展木本油料林、经果林、林下种养殖、观赏苗木、速生丰产用材林等高原特色林业产业。创建各类林业专业合作组织 106 个，培育省级林业龙头企业 7 个。坚持以弥勒特色乡土绿化苗木产业培育为重点，全面推进苗木基地化、良种化、标准化和产业化发展，形成了以吉成花卉、湖泉物业为代表的 6 个成规模、上档次的苗木基地和经营组织。近年来，锦屏山风景区扩建、玫瑰花产业基地及生态旅游综合项目等旅游项目顺利推进，湖泉生态园、可邑小镇成功申报为国家 4A 级和 3A 级景区，康体休闲、文化体验、乡村旅游等旅游业态渐成体系，森林旅游年产值 1.2 亿元。

3.5.6 森林文化建设稳步推进

弥勒市以森林生态体系建设为重点，以绿化造林项目为支撑，多措并举，着力推进重点工作落实和重点项目建设，严格生态用地管理，守住生态红线，大力实施区域生态保护与恢复行动，提高森林覆盖率，改善生态环境。弥勒市将森林文化建设纳入森林公园、旅游景区和城市园林建设总体规划，明确森林文化的建设内容、建设重点和功能布局。充分利用图书馆、文化馆等公共文化基础设施积极开展森林文化展示宣传活动，将优秀的民族传统文化注入森林保护中，不断拓展森林文化展示窗口，完善森林文化载体建设，将生态文化理念融入市民的日常生活，提高民众的生态意识；同时，弥勒市结合城市文化建设和生态旅游产业发展，以丰富的森林资源和民族文化为依托，挖掘、提炼长期以来各民族在生产、生活中形成的森林文化表现形式，鼓励社会各界以多种形式反映森林文化内容，大力发展森林文化产业，加大对弥勒特色文化的包装整理和升华，重点打造蕴含民族和地域特色的森林文化品牌。弥勒市森林生态文化体系建设的稳步推进，使城市形象不断提高，向国内外展现具有弥勒民族特色和区域特点的优秀森林文化，为后续创森工作奠定了良好的基础。

3.6 森林城市建设存在的问题

3.6.1 城市绿地建设有待进一步完善

弥勒市经过不断的努力和建设，使得城市绿地景观有了直观的改善，城市绿化水平得到较大提高。但是城市绿地建设依然存在着一些问题。从结构来看，弥勒市的绿地结构较为简单，系统性不强。公园绿地布局体系尚不完善，分布不均匀，公园大多集中于新区，老城区公园绿地较为缺乏，部分公园绿地面积小，缺乏统一规划；从生态性建设方面来看，弥勒市绿地斑块之间缺乏有机联系，城市绿地廊道建设有待提高完善。除湖泉生态园外，其他公园植物种类不够丰富，绿化植被物种单一，对乡土树种开发不够；季相景观不明显，植物的多样性和种植的层次性较为缺乏；从地方特色来看，弥勒是一个多民族聚居区，建成历史悠久，有着多彩的民族文化和深厚的历史底蕴，作为城市开放性的绿地系统却未能充分利用这些独特的历史人文资源。没有很好地展示地方特色，缺乏文化底蕴。

弥勒市在城市建设过程中高度重视城区园林绿化美化，严格按照城市总体规划和城市绿地系统规划开展建设。城区绿化指标全部达到国家森林城市评价指标要求，有效地满足城市品位的提升和城市居民的需要。但总体来说，城市森林生态系统的结构仍然不合理，结构复杂、生产力水平高、物种多样性高、生物量大、地域特色显著地带性天然植被缺乏。人工植物群落结构简单，多样性水平低、绿量偏低。部分附属绿地和街旁绿地仅满足绿地面积的需求，缺乏乔灌草藤的复层绿化结构，或仅有草本和地被，林木绿化覆盖率偏低。受到城市建设快速发展的影响，一些绿地建设在景观植物种类、配置模式、景观效果等方面出现同质化的特点，缺乏特色和可识别性。

3.6.2 城市面山植被恢复和景观质量提升有待进一步加强

城市面山就是面向城市，在视线范围内能够影响城市景观的山体，城市面山是城市天然的生态屏障，也是城市形象和品质的重要组成部分。随着弥勒市经济的发展，红河春天、湖泉金秋等居住环境的开发以及葡萄观光大道的建设，弥勒城市面山及周边景观得到较大提升。但弥勒市城市面山还存在森林质量不高、林相层次简单、景观类型单一、旱地缀块较多、占用林地等诸多问题。一些重要位置的山体剖面裸露，原生植被遭到不同程度的破坏。整体上弥勒面山景观斑块仍较为破碎、分散，城市面山植被恢复和景观提升任务较重，植被恢复不仅工程量浩大，而且技术要求高、投资大，见效慢。

3.6.3　山地森林质量有待进一步提升

弥勒市天然林和地带性植被的比例不高，大面积山地森林以针叶树种的中幼龄为主，存在林相单一、林分结构简单、质量不高等不足。弥勒市森林中，幼龄林和中龄林的面积和蓄积比率偏高，近熟林和成熟林面积和蓄积比率偏低，乔木林分的平均郁闭度和单位面积蓄积量偏低。部分林地受到破坏和占用，部分林地出现退化、病虫害现象，石漠化治理、矿区植被恢复、水源林保护、防护林建设、公益林保护等山地森林资源质量提升工作亟待开展。弥勒市是典型的岩溶地区，岩溶面积为 2541.41km^2，占国土面积的63.5%；石漠化面积 1123.9km^2，占国土面积的 28.1%，其中中度石漠化面积占一半以上，全市 12 个乡镇均有分布。石漠化土地石砾含量高，植被稀少，生物多样性锐减，森林质量不高需要进一步的治理。同时，弥勒市现有宜林地面积 4212.3hm^2，未成林地面积 7057.37hm^2，占全市林地总面积的 4.99%，林地利用率有待提高。因此弥勒市的森林资源质量有较大的提升空间。

3.6.4　村屯绿化需进一步加强

村屯绿化是生态文明建设的基础，也是森林城市建设的细胞工程。弥勒市的村屯具有分布广泛、数量众多、人口众多等特点，由于长期建设资金不足、绿化意识不强等原因造成村屯的绿化水平发展不平衡，总体水平远远低于城镇。在村屯推行绿化工作，不但能够提升村屯的绿化水平、改善农村居民的人居环境、丰富农村生态文化，还能激发人们植绿、爱绿、护绿的热情。随着美丽乡村、传统村落保护、新农村建设、扶贫攻坚行动、农村环境综合整治等项目的实施，弥勒农村的基础设施建设、产业发展和整体风貌都有明显改善。但与城市绿地建设比较，农村绿化建设受到空间不足、投资渠道有限等影响，乡村绿化建设普遍林木绿化率低，绿化质量不高，特色不明显。目前，全市村屯林木绿化率仅为 23.7%，村屯绿化建设任重道远，需采取强有力措施，整体推进村屯绿化建设。在保护原有的林木前提下，在村屯周边 500m 范围的宜林地、进村道路和村屯主要道路两旁、农户庭院和房前屋后，以"见缝插针"的方式种植树木，分别形成护村林、护路林、护宅林。打造"村在林中、院在绿中、人在景中"的美丽乡村生态格局，最终达到"一个村屯一座绿岛"的生态格局。

3.6.5　绿色廊道建设需进一步加强

为构建以路网、水网为依托的绿色廊道，从水陆统筹、区域协调系统整体的角度，加大森林、湿地生态系统的完整性与连通性，防止"生态孤岛"出现，形成以山水林田湖为有机整体，水陆关系和谐、生态流量充足、水土保持有效、生物种类多样的森林生态安全格局。弥勒市绿色廊道建设特别是路网绿色廊道建设取得明显成绩。但总体来说，各级道路和主要河道沿线林网化、水网化建设不足、质量不高，导致城区绿地与郊区森林的连接性不强。

3.7　森林城市建设潜力分析

3.7.1　自然生态用地发展潜力分析

1. 林业用地潜力

分析弥勒市的其他宜林地、未成林封育地、未成林造林地、宜林荒山荒地，林业用地潜力有限，其中未成林地 7054.7hm²，宜林地 4212.3hm²，疏林地 753.5hm²，合计 164659.40hm²（表3-21）。

表 3-21　弥勒市林业用地发展潜力面积统计表　　　　　　　　　　单位：hm²

乡、镇	林地类型			合计
	未成林地	疏林地	宜林地	
弥阳镇	180.1	—	2	182.1
新哨镇	507.9	—	11.8	519.7
虹溪镇	34.1	2	95.9	132
竹园镇	355.2	—	290.2	645.4
朋普镇	144.4	114.7	1222.9	1482
巡检司镇	36.2	251.1	196.4	483.7
西一镇	1688.1	149.9	—	1838
西二镇	959.3	—	90.5	1049.8
西三镇	23.7	—	1.4	25.1
东山镇	1236.5	129.1	1902.6	3268.2
五山乡	442.5	96.6	381.3	920.4
江边乡	1446.7	10.1	17.3	1474.1
合计	7054.7	753.5	4212.3	12020.5

2. 非林业用地潜力

1) 河道绿化用地潜力

截至 2016 年，弥勒市适宜绿化长度 208.3km，已绿化长度 109.4km，河道林木绿化率 52.52%。由于《国家森林城市评价指标》中没有对绿化宽度进行规定，根据《云南省森林城市评价指标》中单侧乔木绿化带原则上 2 行以上，同时根据林种分类标准，主要河流两岸各 200m 及其主要支流两岸各 50m 范围内的林木可以计算为护岸林，按照《国家森林城市评价指标》中，河道林木绿化率不低于 80% 的要求，开展河流两岸水系绿化，结合弥勒市实际，营造单侧平均宽度 10m 的水岸林，则可以增加有林地 1271.72hm²。

2) 城市建成区绿地用地潜力

截至 2016 年，弥勒市各县市区城市建成区面积 2026hm²，建成区绿地面积 799.89hm²，建成区绿地率 39.48%。随着城市经济社会发展，城市建成区面积将会随城市人口增长而增加，根据城市总体规划和绿地系统规划，到 2026 年，弥勒市城市建成区面积达到 2762hm²，按照绿地率 42.00% 核算，弥勒市建成区需增加城市各型绿地面积 360.15hm²。

3) 村屯绿化潜力

森林村屯建设是森林城市建设的细胞工程，也是森林城市建设的重点。在全面改善农村生态环境，提高森林资源质量的前提下，通过农村产业结构调整，拉动农村经济发展，带动农民增收致富。利用庭院、沟渠、池塘、道路和其他自然条件，搞好村屯道路绿化、游园建设改造和房前屋后、宅基空地植树。截至 2016 年，全市集中居住型村庄 118 个，居民点面积 2747.3hm²，林木绿化面积 372.95hm²，集中居住型村庄现状林木绿化率 13.58%。全市分散居住型村庄 725 个，居民点面积 6203.21hm²，林木绿化面积 1282.36hm²，分散居住型村庄现状林木绿化率 20.67%。按照《国家森林城市评价指标》中，集中居住型村庄林木绿化率不低于 30%，分散居住型村庄林木绿化率不低于 15% 的要求，弥勒市至少需增加 451.24hm² 村屯林木覆盖面积。考虑到居民点用地外围的道路绿化、沟渠绿化、苗圃建设等，弥勒市村屯绿化具有较大的提升潜力。

4) 道路绿化用地潜力

道路绿化是森林城市生态网络体系的重要组成部分。弥勒市交通区位优势明显，交通网络发达，交通体系完善，截至 2016 年，全市纳入国家统计的公路中，适宜绿化长度 2181.25km，已绿化长度 1145.503km，道路林木绿化率 52.52%。由于《国家森林城市评价指标》中没有对绿化宽度进行规定，根据《云南省森林城市评价指标》中县道平均单侧绿化达到 15m 以上，按照《国家森林城市评价指标》中，道路林木绿化率不低于 80% 的要求，开展道路绿化，结合弥勒市实际，营造单侧平均宽度 15m 的护路林，现有道路绿化可以增加有林地 899.25hm²。

3. 综合分析

生态用地的供给量是弥勒市生态建设和森林城市创建的最大限制因素之一，弥勒市的森林城市建设是以林业、住建部门为主导，交通、水务、农业、旅游、环保等多部门共同参与的生态建设工程。在用地类型上，除了传统的林业权属用地之外，弥勒的城市绿化用地、道路和水系岸缘地等绿色通道建设用地、村庄用地等非林业权属用地也应该归为弥勒市森林城市的生态建设用地范畴。为此，根据国家以及云南省的相关政策和规定，并结合近年来的林业生态建设实践发展，从道路绿化、水体绿化、村屯绿化、植被恢复、荒山造林等多个方面对弥勒生态用地潜力进行综合分析。

结果表明，弥勒市用于林业生态建设尚有较大的潜力。七类生态用地面积合计15002.86hm^2（表3-22），如能全部用于林业建设，则全市的森林覆盖率可以增加3.83个百分点（理论值），其中疏林地、宜林地、未成林地等林地面积合计12020.5hm^2，全部用于绿化建设可以增加森林覆盖率3.07个百分点，道路绿化、水体绿化、村屯绿化、城区绿化面积合计2982.36hm^2，可以增加森林覆盖率0.76个百分点，根据这一计算结果，为了将各种用地矛盾降至最小，目前的林业生态建设的重点应放在全市河流、湖泊水库岸线、道路、村屯、面山植被恢复、困难立地造林、矿区植被恢复等土地的利用上；其次，应该充分挖掘全市林业用地的绿化潜力，适当增加其他类型用地向林业生态用途的转化。

表 3-22　弥勒市生态用地发展潜力面积统计表

生态用地类别	面积/hm^2
疏林地	753.5
宜林地	4212.3
未成林地	7054.7
水岸绿化绿化用地	1271.72
村屯绿化绿化用地	451.24
道路绿化用地	899.25
城区绿化用地	360.15
总计	15002.86

3.7.2　林业产业潜力分析

弥勒市区位优势明显，林业开发潜力大。森林资源具有植物种类丰富、林业用地面积大、天然林资源多等明显特点。丰富的天然林资源、良好的生态环境有力地促进和保障了工农业生产和广大人民群众的安居乐业，林业在经济社会发展中的基础地位和作用日益巩固强化。近年来，弥勒市紧紧围绕山地资源优势，在特色产业上"狠下功夫"，不断加大山区综合开发和产业结构调整力度，林业产业逐渐呈现出以林产工业和木本油料为主，森林旅游、花卉苗木等多元化产业齐头并进的局面，直接促进经济增长，带动农民增收。

同时，弥勒市坚持突出"福地灵"的核心要素，整合旅游资源，完善旅游设施建设，促进文化与旅游深度融合，推进城旅融合、产城融合，大力发展休闲度假、康体养生、佛教文化、民俗风情、生态观光旅游，弥勒"山水园林、生态宜居、休闲度假、特色旅游、智慧城市"品牌效应逐步显现。

3.7.3　生态文化潜力分析

1.　自然文化发展潜力

弥勒市森林资源丰富，森林覆盖率为 41.59%，有森林公园 1 个、郊野公园 2 个、A 级景区 3 个。随着现代社会工作压力增大，人们在工作闲暇之余喜欢到自然环境中放松身心，自然环境不仅给人以舒适、心旷神怡的物境感受，还可以为人们提供休憩和文化娱乐的场所，开展文化科普活动和自然教育等。弥勒市可利用现有的自然资源，充分发挥森林、湿地、绿地的自然体验、生态旅游等功能，通过合理规划，打造自然文化品牌。

2.　旅游文化发展潜力

1) 民族文化

弥勒市是南盘江流域最具多元文化特征的民族地区之一，有着厚重的历史文化。各民族创造了多彩多姿的文化，彝族史诗《阿细的先基》、舞蹈《阿细跳月》《烟盒舞》《兵器舞》是文化遗产中的瑰宝；可邑民族村的"阿细跳月"和红万村的"阿细祭火"更是远近闻名，吸引了众多学者和旅游者的关注。早在 20 世纪 50 年代，居住在西山地区彝族支系阿细人的集体舞蹈"阿细跳月"就作为我国优秀的民间舞蹈，到波兰华沙参加第三届世界青年联欢节，引起轰动；20 世纪 80 年代，"阿细跳月"乐曲被列为世界名曲之一；西山地区彝族农民组成的阿细跳月艺术团多次到国内各地演出。

2) 佛文化

弥勒市是全世界唯一一个与"未来佛"同名的城市。因为与弥勒佛同名的缘故，弥勒人很快接受了佛教文化。锦屏山风景区是滇东南最为著名的佛教圣地，素有"市名弥勒、山似弥勒、寺名弥勒、佛名弥勒"之奇观。弥勒寺拥有大佛、大运、大雄、大智、天王五院之宏阔，集弥勒强巴相、弥勒思维相、弥勒仙光相、弥勒布袋相、弥勒天冠相之绝致，遂成"弥勒道场"之大奇。

第4章 规划目标与布局

4.1 指导思想

全面贯彻党的十八大和十八届三中、四中、五中全会及六中全会精神和习近平总书记考察云南时重要讲话精神，认真落实习近平总书记关于着力开展森林城市建设的重要指示，牢固树立五位一体的总体布局和"创新、协调、绿色、开放、共享"的发展理念，按照以改善城乡生态环境、增进居民生态福利为主要目标，建设生态系统更加完备、林业产业更加发达、森林文化更加繁荣、人与自然更加和谐的"森林弥勒"。结合弥勒市资源环境禀赋、经济社会发展状况和历史文化特征，通过实施森林生态网络、城市林业产业、森林生态文化和森林支撑保障四大体系建设工程，进一步优化城市森林格局，提升城市森林质量，提供更多更好的城市生态空间，构建完备的城市森林生态系统，打造便利的森林服务设施，建设繁荣的生态文化，传播先进的生态理念。将弥勒市建设成"山、水、林、城"四位一体的独特的森林城市，给子孙后代留下天蓝、地绿、水净的美丽家园。为弥勒市全面建成小康社会、建设生态文明和美丽弥勒作出贡献。

4.2 规划与建设原则

开展国家森林城市建设，是建设"南盘江岸绿珠红土高原福地"的必然要求；是增进弥勒民生福祉的重大举措；是推动弥勒绿色发展的重要抓手；是加快弥勒城乡造林绿化和生态建设、实现全社会办林业的创新举措。弥勒市创建国家森林城市要坚持具有地方特色的建设新理念。

4.2.1 坚持以人为本，森林惠民

弥勒市地处低纬高原，位于我国第二大林区西南林区腹地，肩负着"西部高原""珠江流域"两大生态安全屏障的建设任务。弥勒市位于云南省连接越南的国际大通道昆河经济带的核心地带，是仅次于滇南中心城市的发展中心。随着城市人口、城市化规模进一步提高及产业发展，宜居宜业的生态环境改善需求强烈。弥勒城市森林建设应进一步

体现以人为本的原则，按照城市发展需求，用供给侧结构性改革的思维去推动解决森林城市的供给错位问题，合理布局大型生态基础设施和生态休闲网络，优化生态资产结构，提高森林城市建设的供给服务水平，使人民真正享有森林城市建设带来的环境红利。营建市域森林生态系统，实现人与自然的和谐共存。

4.2.2 坚持保护优先，师法自然

森林城市的建设是以改善城市生态环境、提高人居环境质量和满足人们日益提高的对环境质量的要求为基本出发点，秉承生态优先原则。对城市森林景观建设的植物品种选择和植物配置的方式需要以此为中心。具体而言，从树种选择方面来说，就是要在建设森林城市时注重利用物种间互利共生的关系营造，以本地天然森林群落为参照选定造林树种，制定造林营林模式和管护措施；从林分经营方面来说，就是要充分利用近自然森林经营的方法，按森林演替规律构建健康复杂的森林生态系统。切实做到"三化"：造林树种选择本地化，明确乡土树种的使用比重不得少于 80%；森林绿地配置多样化，形成乔灌草复层结构和组团分布；管护措施近自然化，避免过度的人为干预，创造相对稳定的植物群落景观。应用城市生态学理论、生态位原理、植物他感作用及现有科研成果集理论，合理配置植物建设生态景观，最大限度地发挥森林城市的景观生态效益。

4.2.3 统筹城乡统筹，一体建设

统筹城乡绿化协调发展，以城带乡，以乡促城，城乡联动，整体推进，实现城乡绿化一体化，提高城乡居民的环境质量和生活品质，打造森林宜居环境。城乡一体化不仅体现了生态建设的整体性，也体现了共享生态建设成果的公平性。充分发挥森林的生态系统服务功能，满足城乡居民对森林、湿地的多种需求，将森林城市建设作为城乡社会经济统筹发展的重要组成部分。因此不仅要在规划中将城市与乡村作为一个整体进行统一布局，而且要在建设中，将城市与乡村作为一个整体，享受一体化的政策、投资和管理待遇。在森林城市建设中，始终贯穿城乡一体化推进的战略，充分利用各地区现有的森林及湿地资源，体现出地区特色。同时切实消除造林绿化中的城乡二元结构，真正做到统一部署、统一推进，实现规划一体化、投资一体化、管理一体化。

4.2.4 坚持科学规划，持续推进

弥勒森林城市建设，要坚持科学规划，不断推进森林建设成果的延续。在科学规划中，要将扩大森林面积、提高森林质量、增加城乡绿量作为中心任务，并统筹兼顾湿地保护、河流治理、水源保护、野生动植物保护等景观要素、生态要素的各个方面，使各种自然生态系统通过森林城市建设实现有机统一、协调发展；弥勒市优越的自然条件孕育着丰富的树种资源，植被类型丰富，应因地制宜，根据不同地段的自然条件、生态环境质量，确定适宜的森林结构，使用具有主导功能的树种，合理布局城市森林，增加乡

土树种，突出弥勒市特色。结合当地农林产业发展现状，重点发展核桃、芒果、柑橘、葡萄、观赏苗木、生态旅游等独具特色的高原特色林产业，促进弥勒绿色发展。

4.2.5　坚持政府主导，社会参与

弥勒森林城市建设是一项重大的民生工程，在创建过程中，要坚持科学发展的原则，认真贯彻落实科学发展观，充分调动各方面的积极性，按照森林城市建设规划统一要求，分阶段实施的思路，逐步落实各项建设项目。合理安排近期建设的内容，使之远期既能达到森林城市的要求，近期在投资规模上又切实可行。作为一项改善民生、普惠百姓的公益事业，既要坚持政府主导，又要充分调动各方面积极性，形成全社会关心森林城市建设、支持森林城市建设、参与森林城市建设、共享森林城市建设成果的生动局面。

4.3　规　划　依　据

4.3.1　法律法规

《中华人民共和国森林法》（2009 年修订）；

《中华人民共和国环境保护法》（2014 年修订）；

《中华人民共和国土地管理法》（2004 年修订）；

《中华人民共和国城乡规划法》（2015 年修订）；

《中华人民共和国水土保持法》（2010 年修订）；

《中华人民共和国水法》（2002 年修订）；

《中华人民共和国野生动物保护法》（2016 年修订）；

《中华人民共和国野生植物保护条例》（1997 年）；

《中华人民共和国自然保护区条例》（2011 年修订）；

《城市绿化条例》（2011 年）；

《云南省森林条例》（2002 年）。

4.3.2　中共中央、国务院及地方文件

《中华人民共和国国民经济和社会发展第十三个五年规划纲要》（2016 年）；

《2017 年国务院政府工作报告》（2017 年）；

《林业发展"十三五"规划》（2016 年）；

《中共中央关于全面深化改革若干重大问题的决定》（2013 年）；

《中共中央国务院关于加快推进生态文明建设的意见》（2015 年）；

《生态文明体制改革总体方案》（2015 年）；

《中共中央国务院关于全面推进集体林权制度改革的意见》(中发〔2008〕10 号);

全国绿化委员会、国家林业局《关于禁止大树古树移植进城的通知》(全绿字〔2009〕8 号);

《国务院关于印发全国主体功能区规划的通知》(国发〔2010〕46 号);

《国务院关于落实科学发展观加强环境保护的决定》(国发〔2005〕39 号);

《国家林业局关于着力开展森林城市建设的指导意见》(林宣发〔2016〕126 号)

《国务院办公厅关于加强湿地保护管理的通知》(国办发〔2004〕50 号);

《关于印发新一轮退耕还林还草总体方案的通知》(发改西部〔2014〕1772 号);

《全国城郊森林公园发展规划(2016—2025 年)》(2015 年);

《全国林业信息化建设纲要(2008—2020 年)》;

《推进生态文明建设规划纲要(2013—2020 年)》;

《全国林业保护利用规划纲要(2010—2020 年)》;

《全国造林绿化规划纲要(2016—2020 年)》(2016 年);

《城市古树名木保护管理办法》(建城〔2000〕192 号);

《云南省森林生态效益补偿资金管理办法》(2014 年);

《中共云南省委、云南省人民政府关于加快林业发展建设森林云南的决定》(2009 年);

《中共云南省委、云南省人民政府关于加快推进生态文明建设排头兵的实施意见》(2015 年);

《云南省人民政府办公厅关于加快推进全省城乡绿化工作的实施意见》(云政办函〔2016〕68 号)。

4.3.3 行业标准、规范

《国家森林城市评价指标》(LY/T 2004—2012);

《城市用地分类与规划建设用地标准》(GB 50137—2011);

《造林技术规程》(GB/T 15776—2006);

《封山(沙)育林技术规程》(GB/T 15163—2004);

《森林抚育规程》(GB/T 15781—2015);

《生态公益林建设技术规程》(GB/T 18337.3—2001);

《城市绿地分类标准》(CJJ/T 85—2002);

《城市道路绿化规划规范与设计规范》(CJJ 75—1997);

《美丽乡村建设指南》(GB/T 32000—2015)。

4.3.4 相关规划、资料

《云南省林地保护利用规划(2010—2020)》;

《云南省林业发展"十三五"规划》(2016 年);

《云南省森林旅游发展规划(2011—2020 年)》;

《云南省生物多样性保护战略与行动计划(2012—2030 年)》;

《云南省生态保护与建设规划(2014—2020 年)》;

《弥勒市国民经济和社会发展第十三个五年规划纲要》(2016);

《弥勒市土地利用总体规划(2010—2020 年)》(2012);

《云南省弥勒县林地保护利用规划(2010—2020 年)》;

《弥勒市生态市建设规划(2008—2020 年)》(2008);

《弥勒工业园区总体规划修编(2012—2030 年)》;

《弥勒市旅游业发展"十三五"规划》(2016);

《弥勒市城市规划管理条例》修订版(2005);

《弥勒市城市总体规划(2009—2030 年)》(2010);

《弥勒市"十三五"农业和农村经济发展规划(2016—2020 年)》(2015);

《弥勒市森林资源规划设计调查报告》(2016 年 6 月);

《弥勒市饮用水源地保护治理实施方案》(2015 年 12 月);

《弥勒锦屏山省级森林公园自然资源资产权属调查报告》(2015 年 12 月);

《弥勒市过境通道及面山绿化工程规划设计(2016—2020 年)》(2015 年 10 月);

《红河水乡旅游建设项目(1 期)—湿地工程及配套基础设施可行性研究报告(2014—2016)》(2015 年 1 月);

《弥勒市小寨民俗文化特色旅游小镇建设项目可行性研究报告》(2016 年 3 月);

《弥勒市 2016 年十八万亩高原特色现代农业示范区建设方案》(2016)。

弥勒市各乡镇及市住建局、林业局、规划局、农业局、水务局、交通局、文广旅局、国土局、环保局、发改局等相关部门提供的地方各类规划及发展计划。

4.4　规　划　愿　景

4.4.1　南盘江岸绿珠

"南盘江岸绿珠"彰显了弥勒国家森林城市建设的生态地位。南盘江是中国第三大河、南方第一大河珠江的上游。南盘江源出曲靖市,自宜良县绿丰村流入弥勒市,从西入境,环南而行,蜿蜒东去,江水汹涌激荡,经弥勒市西二、五山、巡检司、朋普、江边、东山 6 个乡镇,入境全长 250km,如一条巨龙穿行于弥勒与江对岸邻县青山翠木之中。

弥勒市在空间上大致可分为北部、中部、南部 3 个区域,北部为低山丘陵区,水热条件较好,森林覆盖率高、活立木蓄积量较大、植被质量相对较好,是目前弥勒市地带性植被集中,保存相对完好的区域,区域植被基础条件较好,环境压力较低,开发强度不大,经济社会发展水平不高。中部地处地势较为平坦的坝区,光照充足,水热条件较好,森林受到人为干扰较为严重,类型也相对单一,以云南松林、华山松林、柏木林等为主；为市区所在地和工业集中区，经济社会发展水平较高，同时也建设了湖泉生态园 4A 级风景名胜区、虹溪白龙洞 2A 级风景名胜区等高质量的景区，以及红河卷烟厂、云南红酒庄等国家工农业旅游示范地，区内有湿地景观、森林景观、特色工农业景观等多种景观类型。南部为中山河谷地形，雨量相对充沛。植被覆盖水平在全市最高，朋普河林场、者甸林场、洛那林场、鲁地林场等国有林地多位于此区，但森林质量仍有待提高。该区地处南盘江沿岸地区，是弥勒市江河水土保持林等公益林的集中分布区，森林植被类型以地带性的常绿阔叶林、云南松林为多。这一区域山多树多，植被覆盖水平相对较高，人口总量虽然不大，但适于耕作的土地较少，环境的承载水平不高，经济社会发展水平较低。

在这样一个区域自然及文化景观背景下，应当按照山水相融、林农一体、城乡结合的森林城市理念，突出珠江上游的生态地位，构筑"珠江上游重要生态安全屏障"，进一步优化城市森林布局，实现森林、湿地等生态用地与各类建设用地的科学配置，建设结构合理、功能完善的森林生态系统和湿地生态系统，显著改善城乡生态环境，打造"国际山地旅游目的地""民族特色山地经济创新示范区"，进一步提升城市品位和竞争力。

4.4.2　红土高原福地

"红土高原福地"展现了一个人文景观和自然景观交相辉映的弥勒形象。云南素有"红土高原"之称，弥勒因具有得天独厚的区位优势、资源优势和人文优势，又素有"滇南福地"之美称。山环水抱，北立锦屏，南走陀峨；东流甸溪，西涌碧泉。这片充满传奇与辉煌的自然之境孕育了弥勒笑口常开的禅意，胸怀豁达的禅境，卓尔不群的人文，山清水秀的风华。

因此，建设"红土高原福地"，既能凸显弥勒森林景观特征的特点，也能突出弥勒森林城市的建设目标，也就是指今后弥勒森林城市发展应该立足珠江上游生态防护林建设及其他重点关键生态区域森林的保护与恢复，并在以建成区和近郊绿量提升为主的"森林城"建设基础上，针对山地森林、村镇森林、水岸森林、道路绿化等薄弱环节，面向新的森林城市建设范围优化城市生成空间、生活空间和生态空间；重点强化城区面山森林质量提升和景观提升，增加城区公园绿地、近郊森林公园与湿地公园，完善进入近郊山体森林的绿道网络，加强乡村生态景观建设，保护与恢复河流岸带森林景观，打造具有弥勒特色的乡村生态景观风貌；依托民族文化、佛教文化、红色文化、名人文化，突出以"福山、福水、福酒、福寨和福城"为内容的五福建设，发掘五福文化中的森林生态文化，建设森林、湿地等各类生态文化载体，把弥勒山水自然景观、历史人文特色以及现代文明魅力充分展示出来，建设"看得见山，望得见水，记得住乡愁"的红土高原福地，使其成为中国西南、西部高原、珠江上游有影响力的宜居城市。

4.5　规　划　范　围

弥勒市市域范围具体分成市域和城市建成区两个层次。其中市域范围包括弥阳镇、新哨镇、竹园镇、朋普镇、虹溪镇、巡检司镇、西一镇、西二镇、西三镇、东山镇、五山乡、江边乡等 10 镇 2 乡，全市市域面积 4004km²。建成区面积 2026hm²。

4.6　规　划　期　限

本规划基准年为 2016 年，规划期总计为 10 年，分成近、中、远三期进行规划。
近期：2017~2019 年；
中期：2020~2022 年；
远期：2023~2026 年。

4.7　规　划　目　标

到 2019 年，针对国家森林城市建设指标，重点加强城区公园绿地、道路附属绿地、单位小区附属绿地和林荫停车场建设，新建综合公园 1 处，社区公园 3 处，专类公园 2 处，带状公园 1 处；城区绿化覆盖率由 44.48% 提高到 49.50%，城区人均公园绿地面积由 14.91m² 提高到 15.08m²，新建地面停车场的乔木树冠覆盖率提高到 32%。进一步加强城郊森林建设，全市道路林木绿化率由 52.52% 提高至 82.21%，河流林木绿化率由 52.52% 提高到 81.32%，湖岸林木绿化率由 57.22% 提高到 82.22%，集中居住型村屯林木绿化率由 13.63% 提高到 31.14%，分散居住型村屯林木绿化率保持目前的 20.7%，全面达到国家森林城市指标；同时，进一步提高城市森林质量，提升森林防护功能，加强生态文化载体建设，新建森林公园 2 处，郊野公园 1 处，湿地公园 1 处，自然保护区 2 处，形成林水相依、林山相依、林城相依、林路相依、林居相依的城市森林生态系统空间格局，建成国家森林城市。

到 2022 年，以稳步推进森林城市建设，健全城市森林生态系统，增加产业富民能力为主要目标，使全市森林覆盖率提高到 43.75%，建成区人均公园绿地面积达 15.52m²，道路林木绿化覆盖率达 85.11%，全市森林公园增加至 5 处，郊野公园增加至 4 处，自然保护区数量达到 3 个，大力推进森林村镇、森林人家、森林庄园建设。初步建成完备的森林生态体系、繁荣的生态文化体系和发达的生态产业体系，实现城中林荫气爽、郊外碧水青山、乡村花果飘香，彰显珠江上游宜居城市的生态魅力。

到 2026 年，以提升城市森林质量、丰富生态文化内涵为主要目标，提高城市森林生态功能监测水平，使全市森林覆盖率提高到 45.00%，建成区人均公园绿地面积达

16.27m^2，道路林木绿化覆盖率达 88.53％，全面构建成以森林为基础的生态网络，区域生态安全显著增强，森林的生态服务功能明显发挥；森林的休闲服务功能全面展现，城郊森林休闲蔚然成风；涉林经济稳步提升，森林文化深入人心，地域文化与生态文明交相辉映。

4.8　森林城市建设空间布局

依据弥勒市城市发展态势、生态格局和地理区域特征，充分发挥弥勒"山、水、林、城、田"的自然生态特点，针对弥勒市森林、湿地资源和生态、文化、产业优势，构建融合人文底蕴和自然风情的开放性城市森林生态系统，形成以"一核、三屏、多片、百廊、千家"为骨架的森林城市建设格局。

4.8.1　一核：弥勒市区

一核是指弥勒市区，该区是弥勒市人口最为密集、经济最为发达、城市化水平最高的区域，该地区的城市森林建设既是改善城市生态环境，提高人居环境质量的现实需要，也是体现弥勒宜居魅力生态品质的绿色窗口，对于提高区域环境竞争力和扩容城市生态载荷能力都将具有十分重要的意义。

（1）城市面山植被恢复：对城市面山进行整治和植被恢复，提升城市面山森林的生态功能；并结合城市面山森林公园、郊野公园等建设，充分发挥城市面山森林植被的生态游憩功能，为市民提供高品质的郊野休闲场所。

（2）中、小型公共绿色福利空间：按照社区周边 500m 服务半径建园的布局要求，加强城市街区公园的规划和建设，合理增加城市中、小型公园的布局密度和均匀程度，提升绿化环境的生态化和自然化水平，为市民提供高品质的便捷日常休闲场所。

（3）城市微森林绿地：加强单位、小区附属绿地、景观水系、森林停车场、人车分离绿荫廊道、临街阳台等多元小型绿色空间建设，为市民提供宜居健康生活环境，促进居住区绿化向生态化、森林化和人文化发展，增强城市社区的宜居品质与人文生态魅力。

（4）街道景观提升：打造森林景观大道和花园式景观大道，提升道路乔木树冠覆盖率和物种多样性，加强沿街桥体、楼体、墙体立体绿化建设，促进城市街道景观向近自然方式发展，为城市增添更多更丰富多彩的绿色空间，增强城市的特色与生态魅力。

重点支撑工程：面山植被恢复与提升建设工程；城区绿色福利空间建设工程；绿道建设工程。

4.8.2　三屏：北部锦屏山生态屏障带、南部南盘江河谷森林保育带、西部石漠化森林保育带

以弥勒市主要山体和贯通性水脉为基础，构筑依山沿江（河）的两条森林生态关键带，

形成美丽弥勒的森林生态网络基干框架。

（1）北部锦屏山生态屏障带。依据弥勒北部自然山体分布特点，借由锦屏山系主要山体，依托锦屏山风景名胜区、锦屏山森林公园等关键区域，重点保护区域内森林及湿地生态系统，构建一道保护弥勒的北部绿色生态屏障。

（2）南部南盘江河谷森林保育带。以南部南盘江河谷为脉络，结合现有防护林体系，并重点突出干热河谷稀树灌木草丛生态系统等脆弱生态系统的植被恢复，加强水土流失治理，充分提升南盘江河谷植被的生态功能，构筑形成南部南盘江河谷森林保育带。

（3）西部石漠化森林保育带。以西部巡检司镇、五山乡石漠化区域为重点，强化区域内森林植被的保护，以及石漠化防治与植被恢复，加强水土流失治理，充分发挥区内喀斯特岩溶森林植被、农田、湿地景观等优质景观单元，构筑山峰、森林、农田、湿地一体相融的西部石漠化森林保育带。

重点支撑工程：山地森林质量提升工程；生物多样性保护基地建设工程；面山植被恢复与提升建设工程。

4.8.3　多片：城市森林公园、郊野公园、湿地公园、自然保护区、风景名胜区、A级景区、森林庄园等

整合现有精品森林、湿地等生态产业资源，挖掘文化内涵，加快建设一批品位高、设施全、服务优的生态旅游、生态产业和生态文化基地。一是对森林结构进行优化，构筑物种丰富、功能多样的健康森林生态系统；二是利用优质的森林景观资源和文化资源，科学适度开发森林湿地游憩项目、绿色运动项目和生态文化体验活动；三是构筑大型精品生态服务综合体，打造具有区域重要影响力的生态文化产业知名品牌。

重点支撑工程：城郊休闲游憩空间建设工程；山地森林质量提升工程。

4.8.4　百廊：道路水网绿廊

以铁路、高速公路、国道、省道、县道、城市主干道等城市主干交通路网，以及区内主要河流网络为骨架，在市域范围内形成林路、林水相依，贯通城乡的生态廊道网络。通过新造、提升等措施，提高道路林木绿化率和景观效果，建设以乔木为主的高标准生态景观通道，全面提升道路廊道的绿化水平和绿化质量。同时，要因地制宜，根据不同区段道路特点和沿线的景观特色确定适宜的绿化类型，尽量展现沿线的优美山地景观和自然田园景观，将道路林带形成疏密有度、景色怡人的流动景观线，形成路、林、田、居相依的城市田园风景线。

重点支撑工程：森林廊道建设工程。

4.8.5　千家：村屯绿色家园

结合乡村生态文明建设，科学定位、合理规划，构筑乡村宜居生态环境，打造"因

村而异、因地制宜、特色鲜明"的绿色家园。

（1）绿色家园：了解村民生态需求与绿化品位，保护乡村原有自然景观、人文景观与村容村貌，对公共空间、庭院、乡村道路、护村林等进行绿化提升，广植村民喜爱的经济树种、生态树种和观赏树种，综合打造生态景观型、生态经济型、生态文化型的多样化田园式绿色家园。

（2）森林人家：打造以农家体验、苗木花卉、林果种植与休闲采摘等为主体的特色森林人家，形成集生态旅游、特色林产为一体的乡村森林生态经济发展模式。

重点支撑工程：美丽乡村建设工程；高原特色林产业建设工程；古树名木保护。

按照上述城市建设空间总体规划布局和空间总体规划布局的实施，有利于本地区城乡的生态融合，促进实现区域生态一体化。通过构筑布局合理、长期稳定的森林生态体系，为弥勒生态环境的改善提高保障，满足弥勒市可持续发展和改善人居环境的需要；通过发展经济效益好、具有市场弹性的森林产业体系，稳固森林生态体系，促进弥勒市森林产业发展；通过加强城区绿化、乡村绿化，强化名树名木的保护、大力发展各类文化林，实现人文与森林和湿地景观的完美结合，传承弥勒的历史文化，从而建立以生态公益林、高原湿地为主的完备的森林生态体系，以及依附于森林生态体系之上的发达的森林产业体系和丰富的生态文化体系，为整个弥勒地区的可持续发展提供可靠的生态安全保障。

第5章 城市森林生态体系建设

5.1 城区绿色福利空间建设工程

5.1.1 建设现状

弥勒市在城市建设过程中，一直通过推进宜居城市建设来提升城市的形象和综合竞争力，将城市绿地建设和生态环境质量提升作为城市建设的重点工作。城市绿地面积逐年增加，已建成庆来公园、温泉社区游园、湖泉广场公园、髯翁公园、福地半岛游园等多处公园绿地，附属绿地、防护绿地、生产绿地和其他绿地均匀分布，形成了完整的绿地系统空间格局，城市生态环境得到明显改善。但是城市绿化还存在绿地类型不够丰富，绿地之间连接性差，公园基础设施不够完善，对地域文化的挖掘以及特色营造不足，绿地群落类型和植物多样性不丰富等问题。截止到 2016 年，弥勒市建成区内建设公园绿地多处，其中有综合公园 1 个，社区公园 9 个，专类公园 2 个，带状公园 1 个和街旁绿地多处。全市公园绿地面积达到 220.1hm²，人均公园绿地面积 14.91m²，附属绿地面积 263.72hm²，生产绿地 18 个，主要分布在建成区周边地带，生产绿地总面积为 289.07hm²，占建成区面积的 13.99%。城区防护绿地面积为 27hm²，防护绿地整体上数量不足，质量不高。

5.1.2 建设目标

1. 近期建设目标

2017~2019 年，全市人均公园绿地面积达到 15.08m² 以上，城区绿化覆盖率达到 49.50%。新建综合性公园 1 处，新增公园面积 29.58hm²；新建社区公园 3 处，新建社区公园面积 11.25hm²；新建专类公园 2 处，新建专类公园面积 22.16hm²，扩建专类公园 2 处，扩建面积 30.72hm²。新建带状公园 1 处，新增带状公园面积 7.84hm²，新建街旁绿地 2 处，新增街旁绿地面积 10.11hm²，提升街旁绿地 2 处，提升街旁绿地面积 1.50hm²；新建防护林 3 处，新建防护林面积 21.00hm²；扩建企事业单位和小区绿地面积 36.98hm²，提升企事业单位和小区绿地面积 61.81hm²；扩建道路附属绿地 5.47hm²，提升道路附属绿地 0.20hm²；新建林荫停车场 3 处，新建林荫停车场面积 3.90hm²；建设城市森林景观大道 9.50km；新建城市花园式景观大道 6.78km(表 5-1)。

表 5-1　弥勒市建成区近期绿地建设一览表

	建设内容	新建数量/个	新建面积、长度	扩建和提升数量/个	扩建面积、长度	提升面积、长度	建设后绿地总面积/hm²	建设后人均公园绿地面积/(m²/人)
公园绿地	综合公园	1	29.58hm²	—	—	—	331.76	15.08
	社区公园	3	11.25hm²	—	—	—		
	专类公园	2	22.16hm²	2	30.72hm²	—		
	带状公园	1	7.84hm²	—	—	—		
	街旁绿地	2	10.11hm²	2	—	1.50hm²		
附属绿地	单位小区附属绿地	—	—		36.98hm²	61.81hm²		
	道路附属绿地	—	—		5.47hm²	0.20hm²		
	森林景观大道	—	—	2	—	9.50km		
	花园景观大道	—	—	3	—	6.78km		
	林荫停车场	3	3.90hm²	—	—	—		
防护绿地		3	21.00hm²	—	—	—	48.00	2.18

2. 中期建设目标

2020~2022 年，人均公园绿地面积达到 15.52m² 以上，城区绿化覆盖率达到 52.30%。扩建综合公园 1 处，扩建公园面积 0.52hm²；扩建社区公园 1 处，扩建社区公园面积 0.86hm²；新建专类公园 2 个，新增专类公园面积 17.70hm²，扩建专类 2 个，扩建面积为 17.32hm²；扩建带状公园 1 处，扩建面积为 1.36hm²；扩建街旁绿地 1 处，扩建街旁绿地面积 2.34hm²，提升街旁绿地 3 处，提升街旁绿地面积 1.68hm²；新建防护绿地 1 处，新建防护绿地面积 33.30hm²；扩建企事业单位、小区绿地面积 28.76hm²，提升单位、小区绿地面积 43.39hm²；扩建道路附属绿地 6.28hm²，提升道路附属绿地 0.50hm²；新建林荫停车场 2 处，新建林荫停车场面积 2.50hm²；建设城市森林景观大道 3.40km；新建城市花园式景观大道 2.00km(表 5-2)。

表 5-2　弥勒市建成区中期绿地建设一览表

	建设内容	新建数量/个	新建面积、长度	扩建和提升数量/个	扩建面积、长度	提升面积、长度	建设后绿地总面积/hm²	建设后人均绿地面积/(m²/人)
公园绿地	综合公园	—	—	1	0.52hm²	—	371.86	15.52
	社区公园	—	—	1	0.86hm²	—		
	专类公园	2	17.70hm²	2	17.32hm²	—		
	带状公园	—	—	1	1.36hm²	—		
	街旁绿地	—	—	4	2.34hm²	1.68hm²		

建设内容		新建数量/个	新建面积、长度	扩建和提升数量/个	扩建面积、长度	提升面积、长度	建设后绿地总面积/hm²	建设后人均绿地面积/(m²/人)
附属绿地	单位小区附属绿地	—	—	—	28.76hm²	43.39hm²	—	—
	道路附属绿地	—	—	—	6.28hm²	0.50hm²	—	—
	森林景观大道	1	3.40km	—	—	—	—	—
	花园景观大道	1	2.00km	—	—	—	—	—
	林荫停车场	2	2.50hm²	—	—	—	—	—
防护绿地		1	33.30hm²	—	—	—	81.30	—

3. 远期建设目标

2023~2026 年，人均公园绿地面积达到 16.27m² 以上，城区绿化覆盖率达到 56.12％。新建社区公园 1 处，增加社区公园面积 1.72hm²，扩建社区公园 2 处，扩建公园面积 6.90hm²；扩建专类公园 2 处，扩建专类公园面积 39.08hm²；扩建带状公园 1 处，扩建带状公园面积 7.34hm²，提升带状公园面积 0.39hm²；扩建街旁绿地多处，扩建街旁绿地面积 3.12hm²；新建防护绿地 1 处，新建防护绿地面积 20.31hm²；新建生产绿地 1 处，新建生产绿地面积 10.96hm²；扩建企事业单位、小区绿地面积 23.34hm²，提升单位、小区绿地面积 41.95hm²；扩建道路附属绿地面积 2.92hm²；新建林荫停车场 1 处，新建林荫停车场面积 1.60hm²；建设城市森林景观大道 2.01km；新建城市花园式景观大道 1.74km(表 5-3)。

表 5-3 弥勒市建成区远期绿地建设一览表

建设内容		新建数量/个	新建面积、长度	扩建和提升数量/个	扩建面积、长度	提升面积、长度	建设后绿地总面积/hm²	建设后人均绿地面积/(m²/人)
公园绿地	综合公园	—	—	—	—	—		
	社区公园	1	1.72hm²	2	6.90hm²	—		
	专类公园	—	—	2	39.08hm²	—	430.16	16.27
	带状公园	—	—	2	7.34hm²	0.39hm²		
	街旁绿地	—	—	—	3.12hm²	—		
附属绿地	单位小区附属绿地	—	—	—	23.34hm²	41.95hm²		
	道路附属绿地	—	—	—	2.92hm²	—		
	森林景观大道	1	2.01km	—	—	—		
	花园景观大道	1	1.74km	—	—	—		
	林荫停车场	1	1.60hm²	—	—	—		
防护绿地		1	20.31hm²	—	—	—	101.61	
生产绿地		1	10.96hm²	—	—	—	300.03	

5.1.3　建设内容

1. 公园绿地

1) 城市综合公园

根据弥勒市城市综合公园分布现状,结合弥勒城市总体规划、弥勒城市绿地系统规划,在全市新建综合公园,同时对一部分绿地景观质量不高的综合公园进行改扩建,提高弥勒市综合公园绿地面积、景观效果和游憩功能,使公园绿地在弥勒市城区中均匀分布,为市民提供丰富的活动休闲空间,让市民享受优质的城市生态环境。

2017～2019 年,规划新建综合性公园 1 处,新增公园面积 29.58hm²;2020～2022 年,规划扩建综合性公园 1 处,新增公园面积 0.52hm²;2023～2026 年巩固全市综合公园建设成果,丰富综合公园的游憩设施,提高综合公园林木绿化率。弥勒市综合性公园规划见表 5-4。

表 5-4　弥勒市城市综合公园规划建设一览表

单位:hm²

综合公园名称	现状面积	建设面积	建设时间/年			建设性质	建设后面积
			2017～2019	2020～2022	2023～2026		
庆来公园	5.48	0.52	—	0.52	—	扩建	6.00
花口河彝族风情园	—	29.58	29.58	—	—	新建	29.58

2) 城市社区公园

社区公园是专门为居住用地范围内的居民服务,并提供一定的活动内容和设施的集中绿地。结合弥勒市建成区居住用地的分布现状,在充分考虑 500m 服务半径的条件下,合理均匀地在弥勒市建成区居住组团相对集中的地块新规划社区公园 4 个,规划总面积为 20.73hm²。

2017～2019 年,规划新建社区公园 3 处,新增社区公园面积 11.25hm²;2020～2022 年,规划扩建社区公园 1 处,扩建面积 0.86hm²;2023～2026 年,规划新建社区公园 1 处,扩建社区公园 2 处,新增社区公园面积 8.62hm²。弥勒市各社区公园建设情况见表 5-5。

表 5-5　弥勒市社区公园规划建设一览表

单位:hm²

社区公园名称	建设总面积	建设时间/年			建设性质
		2017～2019	2020～2022	2023～2026	
艺术公园	1.12	1.12	—	—	新建
新哨镇区公园	10.02	4.13	—	5.89	新建、扩建
市政林荫广场	7.87	6.00	0.86	1.01	新建、扩建
城北新区小游园	1.72	—	—	1.72	新建

3）城市专类公园

专类公园是以某种使用功能为主的城市公园绿地，包括在城市建成区内建设的游乐公园、植物园、湿地公园、各类主题公园和其他类公园。专类公园主题突出，个性分明，能够很好地体现出弥勒市的城市文化特色，同时也能够开展丰富多彩的特色活动吸引公众参与，最大程度发挥专类公园休闲娱乐功能。

规划期内，规划扩建和新建专类公园面积 126.98hm²。其中：2017～2019 年，规划新建专类公园 2 处，扩建 2 处，新增面积 52.88hm²；2020～2022 年，规划新建专类公园 2 处，扩建 2 处，新增专类公园面积 35.02hm²；2023～2026 年，规划扩建专类公园 2 处，新增专类公园面积 39.08hm²。弥勒市专类公园建设情况见表 5-6。

表 5-6　弥勒市专类公园规划建设一览表　　　　　　　　　　　　　　单位：hm²

专类公园名称	现状面积	建设面积	建设时间/年			建设性质	建设后面积
			2017～2019	2020～2022	2023～2026		
玉皇阁森林公园	15.32	22.86	4.68	8.86	9.32	扩建	38.18
湖泉生态园	166.43	64.26	26.04	8.46	29.76	扩建	230.69
红河水乡公园	0	20.08	20.08	0	0	新建	20.08
文昌宫历史公园	0	2.08	2.08	0	0	新建	2.08
工业区核心公园	0	7.66	0	7.66	0	新建	7.66
火车站公园	0	10.04	0	10.04	0	新建	10.04

4）城市带状公园

带状公园是沿城市道路、城墙、水系等，有一定游憩设施的狭长形绿地。带状公园对于城市而言，无论是自然式还是规则式的布局，都是城市重要的生态廊道，同时也是城市的重要景观廊道，弥勒市森林城市建设过程中，带状公园建设是实现森林拥抱城市，城市拥有森林的重要脉络。

规划期内，共计扩建和新建带状公园面积 16.54hm²。其中：2017～2019 年，规划新建带状公园 1 处，新建面积 7.84hm²；2020～2022 年，扩建带状公园 1 处，扩建带状公园面积 1.36hm²；2023～2026 年，规划扩建带状公园 1 处，扩建面积 7.34hm²，提升带状公园 1 处，提升面积 0.39hm²。弥勒市带状公园规划见表 5-7。

表 5-7　弥勒市带状公园规划建设一览表　　　　　　　　　　　　　　单位：hm²

带状公园名称	现状面积	建设面积	建设时间/年			建设性质	建设后面积
			2017～2019	2020～2022	2023～2026		
二环北路绿地	0.39	—	—	—	0.39	提升	0.39
花口河滨水带状公园	—	16.54	7.84	1.36	7.34	新建、扩建	16.54

5）街旁绿地

街旁绿地一般处于重要的交通节点上，是人流、物流较为集中的场地。街旁绿地因通透性强,给过往的行人带来较为强烈的视觉刺激,最易给人留下深刻的印象,也是城市生态景观的重要"名片",能起到很好的宣传作用和社会效应。因此,街旁绿地可以作为弥勒城市综合公园、社区公园的补充,弥补城市绿地分布不均的不足,同时也能降低城市建筑密度,提升城市容貌,起到美化城市、装饰城市的作用。

规划期内,共计提升、扩建和新建街旁绿地面积 18.75hm²。其中:2017～2019 年,规划提升街旁绿地多处,提升街旁绿地面积 1.50hm²;新建街旁绿地多处,新增绿地面积 10.11hm²。2020～2022 年,规划提升、扩建街旁绿地多处,提升、扩建面积 4.02hm²。2023～2026 年,规划扩建街旁绿地多处,扩建面积 3.12hm²。弥勒市街旁绿地规划建设见表 5-8。

表 5-8　弥勒市街旁绿地规划建设一览表　　　　　　　　　　　　　　单位:hm²

街旁绿地名称	现状面积	建设面积	建设时间/年			建设性质	建设后面积
			2017～2019	2020～2022	2023～2026		
民族文化博览园	0.65	—	0.65	—	—	提升	0.65
弥勒大道与髯翁路交叉口游园	0.85	—	0.85	—	—	提升	0.85
髯翁路与中山路交叉口游园	0.10	—	—	0.10	—	提升	0.10
中山路与上清路交叉口游园	0.02	—	—	0.02	—	提升	0.02
弥勒大道护坡绿化	1.56	—	—	1.56	—	提升	1.56
其他街旁绿地	9.1	5.46	—	2.34	3.12	扩建	14.56
弥勒大道滨河带状绿地	—	1.67	1.67	—	—	新建	1.67
其他街旁绿地	—	8.44	8.44	—	—	新建	8.44

2. 防护绿地

弥勒市中心城区现已有防护绿地 27hm²。结合现状防护情况及城市总体规划布局,规划防护绿地包括:给水管防护绿带、排污沟生态防护带、污水处理厂防护带、道路防护林带、水体防护林带。

至规划期末,共新建防护绿地 74.61hm²,规划近期新增 3 处防护绿地 21hm²;中期新建防护绿地 1 处 33.30hm²;远期新建防护绿地 1 处 20.31hm²。规划建设情况见表 5-9。

表 5-9　弥勒市防护绿地建设一览表

防护绿地名称	建设面积/hm²	建设时间/年			备注
		2017～2019	2020～2022	2023～2026	
给水管防护绿带	8.60	√			新建
排污沟生态防护带	9.60	√			新建
污水处理厂防护林带	2.80	√			新建

防护绿地名称	建设面积/hm²	建设时间/年			备注
		2017~2019	2020~2022	2023~2026	
道路防护林带	33.30		√		新建
水体防护林带	20.31			√	新建
合计	74.61				

3. 生产绿地

弥勒市中心城区现已有生产绿地 289.07hm²，生产绿地以保留和整合现状苗圃为主。结合城市总体规划布局，到 2026 年，规划在主城区东南侧边缘新增 10.96hm² 的生产绿地，远期生产绿地总面积将达到 300.03hm²（表 5-10）。

表 5-10　弥勒市生产绿地建设一览表

建设地点	建设面积/hm²	建设时间			备注
		2017~2019 年	2020~2022 年	2023~2026 年	
主城区东南侧边缘	10.96	0.00	0.00	10.96	新建

4. 附属绿地

1）居住区、单位附属绿地

按照住建部颁布的《城市居住区规划设计规范》《绿色生态住宅小区建设要点及技术导则》等规定，规划弥勒市各居住区绿地与企事业单位附属绿地，应按照如下要求提升改造。

按照新建居住区绿地率不低于 40%，旧居区绿地率不低于 35% 的标准进行绿地建设和改造。居住区、企事业单位绿地内应栽植高大乔木，并按照 50m² 以下绿地内，高大乔木数量不低于 1 株，50~100m² 绿地内，高大乔木数量不低于 2 株，100~150m² 绿地内高大乔木数量不低于 4 株，200m² 以上绿地，按每 100m² 绿地高大乔木不少于 3 株栽植乔木，提高林木绿化率。绿化建设时应充分保护和利用绿地内现有树木，以改善居住区、单位生态环境为主，采取乔木、灌木和地被植物相结合的多种植物配置形式，并充分考虑绿地的绿量和景观。绿化植物以乡土树种为主，并尽量选择庭荫树、色叶树、香源植物、保健植物。居住区、单位内的建筑物墙体、棚架应择选藤本植物，尽量开展立体绿化。

至规划期末，弥勒市共规划扩建居住区、企事业单位附属绿地面积 89.08hm²，提升单位、居住区附属绿地面积 147.15hm²。其中：2017~2019 年，扩建居住区、企事业单位附属绿地面积 36.980hm²，提升居住区、企事业单位附属绿地面积 61.805hm²；2020~2022 年，扩建居住区、企事业单位附属绿地面积 28.760hm²，提升居住区、企事业单位附属绿地面积 43.385hm²；2023~2026 年，扩建居住区、企事业单位附属绿地面积 23.340hm²，提升居住区和企事业单位附属绿地面积 41.925hm²。弥勒市居住区和企事业单位附属绿地建设见表 5-11。

表 5-11　弥勒市居住区、企事业单位附属绿地建设一览表　　　　单位：hm²

名称	提升面积	扩建面积	建设时间					
			2017~2019 年		2020~2022 年		2023~2026 年	
			提升	扩建	提升	扩建	提升	扩建
温泉小区	3.500	0.500	2.00	0.500	—	—	1.500	—
湖泉小区	5.600	3.650	1.00	2.000	2.100	—	2.500	1.650
万利园小区	0.225	0.550	—	0.000	0.025	0.300	0.200	0.250
雅柏逸苑	2.700	0.500	1.20	1.000	—	—	1.500	0.500
西秀园	0.050	0.095	—	0.095	0.050	—	—	—
信合小区	0.200	0.400	—	0.100	—	0.200	0.200	0.100
旭苑小区	0.370	0.100	—	0.100	0.120	—	0.250	—
弥勒市工人俱乐部	0.100	0.230	—	0.100	0.100	0.085	—	0.035
弥勒市供销社机关	0.020	0.061	—	0.035	0.020	—	—	0.026
弥勒市农科局	0.100	0.055	—	0.000	—	0.055	0.100	—
人行弥勒市支行	0.040	0.045	—	0.000	—	0.025	0.040	0.020
红河州弥勒交通运政管理所	0.100	0.100	—	0.065	0.050	0.035	0.050	—
弥勒市委办公室	0.030	0.013	0.01	0.000	—	0.000	0.020	0.013
弥勒市人民政府办公室	0.200	0.180	—	0.095	—	0.000	0.200	0.086
弥勒市殡葬服务中心	0.120	0.280	—	0.160	0.120	0.120	—	—
弥勒市粮食局生活区	0.020	0.092	—	0.065	0.020	—	—	0.027
弥勒市公安局交警大队	0.020	0.029	—	—	—	—	0.020	0.029
弥勒市交通局	0.010	0.026	—	0.000	0.010	0.026	—	—
弥勒市政协	0.100	0.037	—	0.000	—	—	0.100	0.037
弥勒市煤炭局	0.125	0.080	0.05	0.080	0.075	—	—	—
弥勒市商务局	0.020	0.026	—	0.000	0.020	0.026	—	—
弥勒市农业推广中心	0.015	0.585	—	0.300	0.015	0.285	—	—
昆立医院	0.025	0.055	0.025	0.000	—	0.055	—	—
气象局(含观测站)	0.120	0.230	—	0.15	—	—	0.12	0.080
水工队	0.010	0.025	—	—	0.010	0.025	—	—
残联	0.100	0.185	—	0.120	—	—	0.100	0.065
弥阳建筑安装公司第十一工程处	0.040	0.037	—	0.000	0.020	0.037	0.020	—
市糖办住宿区	0.020	0.026	—	0.000	0.020	0.0255	—	—
东氮住宿区	0.075	0.0370	0.020	0.000	0.025	—	0.030	0.037
花园宾馆	0.005	0.015	—	0.000	0.005	0.015	—	—
同济医院	0.020	0.062	—	0.000	0.020	0.0360	—	0.026

续表

名称	提升面积	扩建面积	建设时间					
			2017~2019 年		2020~2022 年		2023~2026 年	
			提升	扩建	提升	扩建	提升	扩建
吉山公安分局	0.060	0.120	—	0.120	0.060	—	—	—
其他单位	58.000	17.980	32.500	7.500	25.500	6.550	—	3.930
其他居民住宅群	75.000	62.693	25.000	23.840	15.000	23.350	35.000	15.500
全市合计	147.140	89.408	61.805	36.980	43.385	28.760	41.952	23.340

2)道路附属绿地

(1)道路附属绿地建设

城市道路绿地是城市绿地建设重要的组成部分，道路绿地质量的好坏直接影响着城市市容和人们的生活质量，也代表整个城市绿化的形象。弥勒市道路绿地建设和提升时，要与城市道路的性质、功能相适应，道路绿地应具有较好的生态功能，符合使用者的行为习惯与视觉特性。同时道路绿地要与周边街景元素相协调，选择适宜的乡土园林植物，尽量采用乔、灌、草复层配置，形成优美、稳定的景观效果。

至规划期末，弥勒市建成区共新增道路附属绿地面积 14.67hm²。其中 2017~2019 年，规划扩建道路附属绿地面积 5.47hm²，提升 0.2hm²；2020~2022 年，规划扩建道路附属绿地面积 6.28hm²，提升 0.5hm²；2023~2026 年，规划扩建道路附属绿地面积 2.92hm²。弥勒市建成区内道路附属绿地建设见表 5-12。

表 5-12 弥勒市道路附属绿地建设一览表 单位：hm²

名称	提升道路附属绿地	扩建道路附属绿地	建设时间					
			2017~2019 年		2020~2022 年		2023~2026 年	
			提升	扩建	提升	扩建	提升	扩建
庆来路	—	0.205	—	—	—	0.205	—	—
莲花路	—	0.715	—	0.350	—	0.365	—	—
行政北路	—	0.605	—	0.265	—	0.215	—	0.125
西华路	—	0.095	—	—	—	0.095	—	—
一心路	—	0.245	—	—	—	0.130	—	0.115
黑腊沼南路	0.4	0.297	0.2	0.090	0.2	0.206	—	—
康平路	—	0.0620	—	—	—	0.035	—	0.027
民主街(西门至粮食局)	—	0.095	—	—	—	0.060	—	0.035
建设巷	—	0.085	—	—	—	0.085	—	—
建设巷至农贸市场	—	0.206	—	0.150	—	—	—	0.056
财富东路	—	0.200	—	—	—	0.105	—	0.095
莲花南路	—	0.250	—	0.250	—	—	—	—

名称	提升道路附属绿地	扩建道路附属绿地	建设时间					
			2017～2019 年		2020～2022 年		2023～2026 年	
			提升	扩建	提升	扩建	提升	扩建
弥勒大道	—	7.900	—	3.500	—	3.150	—	1.250
古城小学北侧道路	—	0.230	—	0.125	—	—	—	0.105
莲花南路与中山南路连接线	—	0.085	—	—	—	0.0850	—	—
规划 21 号路	—	0.240	—	0.120	—	0.120	—	—
大树廉租房 11 米宽规划道路	—	0.0285	—	—	—	—	—	0.029
二环南路	—	0.385	—	—	—	0.250	—	0.140
双桥路	0.3	0.310	—	0.260	0.3	—	—	0.050
环城路	—	0.320	—	0.250	—	—	—	0.070
魁阁巷	—	0.900	—	—	—	0.550	—	0.350
向阳街	—	1.143	—	—	—	0.690	—	0.460
北门巷	—	0.075	—	0.050	—	—	—	0.025
合计	0.7	14.670	0.2	5.470	0.5	6.280	—	2.920

3）城区森林景观大道

选择弥勒市内用地条件和绿化基础好的主要市政道路建设成森林景观大道，成为弥勒市将森林引入城市的景观廊道，成为城市生态环境的重要组成部分。在森林景观大道建设时，应改变传统道路绿地单一的"线"处理，变"线"为"带"，充分利用现有的中央绿化隔离带、两旁绿化带以及周边建筑，使交通空间、建筑空间和开放空间有机结合，让城市绿地连为一个整体，成为建筑景观、自然景观以及各种人工景观之间的"软"连接。

森林景观大道建设应本着以人为本的原则，在满足交通安全的基础上，借鉴植物群落结构上成层、镶嵌、周期性等特点，绿化植物以群体集中的方式进行种植，采用树丛、树群相结合，增加景观植物群落的种植密度，构建复层式群落结构，营造符合自然演进和城市生态链的绿色廊道。树种选择上以乡土树种和抗污染能力强的植物为首选，如香樟、球花石楠、云南樟、海枣、虎克榕、滇朴、紫玉兰、垂丝海棠、垂柳、红花檵木、翠柏、云南紫荆等。

至规划期末。规划建设森林景观大道 14.91km。其中 2017～2019 年，建设森林景观大道 9.50km；2020～2022 年，建设森林景观大道 3.40km；2023～2026 年，建设森林景观大道 2.01km（表 5-13）。

表 5-13　弥勒市森林景观大道建设任务分期规划表　　　　　　单位：km

建设地点	道路名称	提升总长度	建设时间		
			2017~2019 年	2020~2022 年	2023~2026 年
弥勒大道		6.48	√		
	冉翁路	3.40		√	
	锦屏路	3.02	√		
	上清路	2.01			√
合计		14.91	9.50	3.40	2.01

4）城区花园式景观大道

将弥勒市绿化用地比例较大的部分市政道路建设成为花园式景观大道。选择色叶、观花、观果植物，如云南樱花、桂花、乐昌含笑、假连翘、杜鹃、苏铁、红花木莲，金叶女贞、红花檵木、云南黄素馨、夹竹桃、木芙蓉、冬青、春鹃、火棘等，通过乔、灌、地被的组合，在适宜地段结合立体绿化的形式，形成"花叶相映、四季有景、层次丰富、尺度适宜、景观有序"的城市彩色廊道景观。最终将自然、绚丽的环境引入城区，给城市居民以愉悦的视觉感受。

至规划期末。规划建设城市花园式景观大道 10.52km。其中 2017~2019 年，建设城市花园式景观大道 6.78km；2020~2022 年，建设花园式景观大道 2.00km；2023~2026 年，建设花园式景观大道 1.74km（表 5-14）。

表 5-14　弥勒市建成区花园式景观大道建设任务分期规划表　　　　单位：km

建设地点	道路名称	提升总长度	建设时间		
			2017~2019 年	2020~2022 年	2023~2026 年
弥勒市建成区	中山路	2.65	√		
	温泉路	2.34	√		
	双桥路	2.00		√	
	红烟路	1.79	√		
	二环南路	1.74			√
合计		10.52	6.78	2.00	1.74

5）林荫停车场

林荫停车场是在停车位间种植乔木或通过其他永久式绿化方式进行遮阴的一种生态模式。林荫停车场是绿化遮阴面积不小于停车场面积 60%（以树种壮年期夏季最大冠幅为准）的停车场，实现"脚下有绿毯，头上有绿伞"的效果。同时林荫停车场还兼具降低车内温度等特点，符合建设节约型绿地的理念。根据弥勒市实际情况，规划三种形式的林荫停车场。分别为乔灌式停车场、树阵式停车场和棚架式停车场。

在林荫停车场的建设中，要选择具有旺盛生命力、良好适应力以及对有害气体有抗性的植物，乔木树种可选择雪松、云南松、香樟、木荷、麻栎、藏柏、墨西哥柏、喜树、杜英、黄连木、榿木、香樟、清香木等；灌木树种可选择金叶女贞、红花檵木、小叶黄杨、杜鹃、山茶、法国冬青、南天竹、海桐、大叶黄杨、瓜子黄杨、九里香、夹竹桃、米兰等。藤本植物可选择常春油麻藤、炮仗花、凌霄、紫藤、常春藤、爬山虎等。

根据弥勒市城市公共用地发展需求，至规划期末，规划新建林荫停车场面积 8.0hm²。其中，2017～2019 年，新建林荫停车场 3.9hm²（1950 个林荫生态车位）；2020～2022 年，新建林荫停车场 2.5hm²（1250 个林荫生态车位）；2023～2026 年，新建林荫停车场 1.6hm²（800 个林荫生态车位）（表 5-15）。

表 5-15　弥勒市林荫停车场建设任务分期规划建设表　　　　　　　　　单位：hm²

建设地点	建设位置	林荫停车场类型	面积	建设时间		
				2017～2019 年	2020～2022 年	2023～2026 年
建成区	中山路停车场	乔灌式停车场	3.2	1.5	1.7	—
	湖泉北路停车场	棚架式停车场	2.0	1.2	0.8	—
	人民路停车场	树阵式停车场	1.6	—	—	1.6
	弥阳财政所东南停车场	乔灌式停车场	1.2	1.2	—	—
合计	—	—	8.0	3.9	2.5	1.6

5. 城区垂直绿化

弥勒市的城区垂直绿化应当结合实际情况，形成独特的垂直绿化景观，将弥勒的城市森林景观打造为"四时绿常在、四季赏花开"的良好生态格局，让弥勒市民推门见绿，开窗闻香，把弥勒城区建设成为"季季显绿，处处透绿，人人爱绿"的森林城区。

墙面绿化：选择沿墙角四周种植攀爬类植物的方式对建筑物墙面进行绿化，美化建筑外墙。可选择的植物有爬山虎、炮仗花、凌霄、常春藤、五叶地锦、三叶地锦、洋常春藤、常春油麻藤等。

阳台绿化：利用各种花木植物把城区阳台装饰点缀起来，为阳台充盈无限生机和大自然情趣。可选择的植物有月季、水仙、栀子、茑萝、文竹、君子兰、吊兰、米兰、仙客来、金竹、绿萝等。

棚架绿化：利用藤蔓植物对城区有条件的学校、小区进行棚架绿化，形成花门、绿廊等小品，多以观花和观果植物为主，丰富景观层次。可选择的植物有紫藤、金银花、牵牛花、三角梅、葡萄、西番莲、藤本月季、铁线莲、鸡血藤、葫芦等。

挡土墙绿化：对弥勒市城区道路、山体挡土墙进行绿化，将其改造成景观生物墙，种植攀缘植物、色叶灌木，实施垂直绿化，美化城市环境。可选择的植物有紫藤、蔓长春花、云南黄素馨、叶子花、迎春、南天竹、爬山虎等。

屋顶绿化：在弥勒市城区选择绿化条件较好的单位和商业建筑的屋顶开展屋顶绿化，以提高城市的绿量，打造宜居弥勒。重点以常绿植物与观花植物来进行屋顶绿化，塑造"南盘江岸绿珠，红土高原福地"的城市绿化形象。可选择的植物有桂花、胡椒木、红叶石楠、金边黄杨、金叶女贞、假连翘、红背桂、冬青、三角梅、常春藤、紫藤、八角金盘、葡萄、海桐、南天竹、山茶、紫薇、杜鹃、蜡梅、八仙花等。

至规划期末，弥勒市城区实施垂直绿化面积共 3.68hm²，2017～2019 年实施垂直绿化面积 0.71hm²；2020～2022 年实施垂直绿化面积 1.64hm²；2023～2026 年实施垂直绿化面积 1.33hm²。分期规划建设见表 5-16。

表 5-16　弥勒市城区垂直绿化建设一览表

建设地点		垂直绿化方式	建设面积/hm²	规划期限/年		
				2017～2019	2020～2022	2023～2026
单位	弥勒市政府	屋顶绿化、阳台绿化	0.08	0.08	—	—
	弥勒市林业局	墙面绿化、棚架绿化	0.10	—	0.10	—
	弥勒市环保局	墙面绿化、棚架绿化	0.10	—	0.10	—
	弥阳镇政府	墙面绿化、阳台绿化	0.13	0.13	—	—
	弥勒市人民医院	屋顶绿化	0.15	0.05	0.05	0.05
	弥勒市中医医院	屋顶绿化	0.06	—	0.06	—
商业建筑	弥勒市金鼎大酒店	屋顶绿化	0.09	—	0.09	—
	湖泉外滩酒店	屋顶绿化	0.13	—	0.06	0.07
	湖泉国际影城	屋顶绿化	0.11	—	0.05	0.06
学校	弥勒一中	墙面绿化、棚架绿化、阳台绿化	0.14	0.04	0.05	0.05
	弥阳中学	墙面绿化、阳台绿化	0.07	—	0.07	—
	庆来学校	墙面绿化、阳台绿化、棚架绿化	0.14	—	0.04	0.10
	弥阳镇第一小学	墙面绿化、阳台绿化	0.10	—	—	0.10
	古城小学	墙面绿化、阳台绿化	0.06	0.06	—	—
住宅小区	温泉小区	墙面绿化、阳台绿化	0.18	—	0.05	0.13
	湖泉小区	墙面绿化、阳台绿化	0.21	0.08	0.04	0.09
	万利园小区	墙面绿化、阳台绿化	0.13	—	0.05	0.08
	雅柏逸苑	墙面绿化、棚架绿化	0.23	0.03	0.10	0.10
	西秀园	墙面绿化、棚架绿化、阳台绿化	0.25	0.05	0.05	0.15
	信合小区	墙面绿化、棚架绿化、阳台绿化	0.18	—	0.08	0.10
	公用市政设施	墙面绿化	0.35	0.10	0.15	0.10
道路	锦屏路	挡土墙绿化	0.21	0.09	0.12	—
	冉翁路	挡土墙绿化	0.18	—	0.18	—
	弥勒大道	挡土墙绿化	0.30	—	0.15	0.08
合计	—	—	3.68	0.71	1.64	1.33

6. 绿色社区

继续加大绿色社区创建工作，至规划期末，创建州级绿色社区 5 个，创建省级绿色社区 2 个。近期创建州级绿色社区 2 个，湖泉小区、雅柏逸苑，省级绿色社区 1 个，西秀园；中期创建省级绿色社区 1 个，信合小区，州级绿色社区 1 个，旭苑小区；远期创建州级绿色社区 2 个，温泉小区、万利园小区（表 5-17）。

表 5-17　弥勒市绿色社区规划创建一览表

小区名称	所处地理位置	级别	建成时间		
			2017~2019 年	2020~2022 年	2023~2026 年
温泉小区	温泉路	州级			√
湖泉小区	鬐翁西路延长线	州级	√		
万利园小区	吉山南路	州级			√
雅柏逸苑	太平寺	州级	√		
西秀园	人民路南段	省级	√		
信合小区	上清路与人民路交叉口	省级		√	
旭苑小区	弥阳镇东门向阳街口	州级		√	
合计			3	2	2

5.2　美丽乡村建设工程

5.2.1　建设现状

　　近年来，弥勒农村的基础设施建设、产业发展和整体风貌都有明显改善。但与城市绿地建设比较，乡村绿化建设普遍林木绿化率低、绿化质量不高、特色不明显。目前，全市集中居住型村屯林木绿化率仅为 13.58%，分散居住型村屯林木绿化率为 20.67%，与美丽乡村建设的要求还有很大差距。主要原因有：由于历史和人为因素的影响，村屯缺乏统一规划，造成房前屋后可绿化的面积少，仅在房前屋后栽植乔木或仅在村庄周边的农田里和风水林内有绿化，村庄内绿化面积小，景观效果差；少部分村民绿化意识淡薄，没有正确意识到村屯绿化的必要性，普遍认为村屯绿化占用耕地面积，影响生产，减少收入，造成绿化保存困难；村屯绿化品种较为单一，景观结构过于简单，观赏价值不高；绿化资金投入不足，建设标准不高，不能按照景观生态的要求来构建绿化景观。总的来说，弥勒市的村庄绿化还有待完善。

5.2.2　建设目标

　　按照《国家森林城市评价指标》的要求，村庄旁、路旁、水旁和宅旁要基本绿化，集中居住型村庄的林木绿化率达 30%，分散居住型村庄的林木绿化率达 15% 以上。以房边、村边绿化为重点，坚持"增林扩绿、林果并重，改善生态环境、推动经济发展"的总体思路，积极开展村庄道路、庭院、隙地绿化，因地制宜种植树木和花草，努力打造绿树成荫，生态宜居的美丽村庄。

2017~2019 年，集中居住型村庄林木绿化率达 31.14%，绿化面积 472.14hm²；2020~2022 年，集中居住型村庄林木绿化率达 33.87%，绿化面积 73.61hm²，分散居住型村庄林木绿化率达 21.63%，绿化面积 46.40hm²；2023~2026 年，集中居住型村庄林木绿化率达 35.86%，绿化面积 53.66hm²，分散居住型村庄林木绿化率达 23.24%，绿化面积 97.87hm²（表 5-18）。

表 5-18　弥勒市村庄绿化目标

村屯类型	建设时间/年					
	2017~2019		2020~2022		2023~2026	
	目标绿化率/%	绿化面积/hm²	目标绿化率/%	绿化面积/hm²	目标绿化率/%	绿化面积/hm²
集中型	31.14	472.14	33.87	73.61	35.86	53.66
分散型	—	—	21.63	46.40	23.24	97.87

5.2.3　建设内容

近年弥勒市全力打造"田园之都，福地弥勒"的城市品牌，全面开展城乡绿化建设。村庄绿化时应选择适合本地生长的经济林树种、观赏树种和四旁绿化树种，进一步扩大乡土树种的应用，形成具有弥勒特色的乡土情趣。应当做到道路绿化与庭院绿化相结合、平面绿化与立体绿化相结合、经济树种与观赏树种相结合、乔木树种与灌木树种相结合。环村林带建设是村庄绿化工程的重要内容，各村庄视具体情况建设环村林带，将村屯绿化水平高、景观效果好的村庄设立为绿化示范点，发挥村屯示范点的示范、引领和带动作用，逐步纵深推进全市的村屯绿化工程。弥勒市各村镇绿化规划建设情况见表 5-19。

表 5-19　弥勒市村庄绿化建设一览表　　　　　　　　单位：hm²

乡镇名称	集中型村庄绿化建设面积	分散型村庄绿化建设面积	面积合计	建设时间/年					
				2017~2019		2020~2022		2023~2026	
				集中型	分散型	集中型	分散型	集中型	分散型
东山镇	8.30	0.00	8.30	4.14	0.00	2.00	0.00	2.16	0.00
虹溪镇	22.10	0.00	22.10	15.00	0.00	3.10	0.00	4.00	0.00
江边乡	11.50	7.80	19.30	8.00	0.00	2.00	0.00	1.50	7.80
弥阳镇	9.11	0.87	9.98	8.00	0.00	0.51	0.80	0.60	0.07
朋普镇	112.60	92.30	204.90	95.00	0.00	10.50	0.00	7.10	92.30
五山乡	58.10	43.30	101.40	47.00	0.00	7.00	43.30	4.10	0.00
西二镇	16.10	0.00	16.10	8.00	0.00	4.50	0.00	3.60	0.00
竹园镇	90.10	0.00	90.10	77.00	0.00	7.00	0.00	6.10	0.00
巡检司镇	13.60	0.00	13.60	8.00	0.00	3.50	0.00	2.10	0.00

续表

乡镇名称	集中型村庄绿化建设面积	分散型村庄绿化建设面积	面积合计	建设时间/年					
				2017~2019		2020~2022		2023~2026	
				集中型	分散型	集中型	分散型	集中型	分散型
新哨镇	137.10	0.00	137.10	114.6	0.00	13.50	0.00	9.00	0.00
西一镇	94.20	0.00	94.20	80.00	0.00	8.00	0.00	6.20	0.00
西三镇	26.60	0.00	26.60	14.00	0.00	7.00	0.00	5.60	0.00
合计	599.41	144.27	743.68	478.74	0.00	68.611	44.10	52.06	100.17

在森林城市的创建过程中重视村庄绿化建设，以建设社会主义新农村为发展目标，大力推进村庄整合，加快完善农村基础设施与公共服务设施建设，通过多种形式与手段，增强村民的生态意识，积极动员和组织村民参加义务植树活动，扩大绿化面积，增加村庄绿量。

至规划期末，新建森林村庄总个数 70 个。近期新建森林村庄 36 个，弥阳镇 5 个，新哨镇 1 个，虹溪镇 2 个，竹园镇 4 个，朋普镇 1 个，巡检司镇 1 个，西一镇 2 个，西二镇 3 个，西三镇 5 个，东山镇 6 个，五山乡 2 个，江边乡 4 个；中期新建森林村庄 14 个，新哨镇 2 个，虹溪镇 3 个，朋普镇 2 个，巡检司镇 1 个，西一镇 1 个，五山乡 3 个，江边乡 2 个；远期新建森林村庄 20 个，弥阳镇 1 个，新哨镇 4 个，竹园镇 1 个，朋普镇 2 个，巡检司镇 3 个，西二镇 3 个，西三镇 2 个，东山镇 1 个，五山乡 2 个，江边乡 1 个(表5-20)。

表 5-20　弥勒市森林村庄建设规划一览表　　　　　　单位：个

序号	乡镇名称	森林村庄数量	建成时间/年		
			2017~2019	2020~2022	2023~2026
1	弥阳镇	6	5	0	1
2	新哨镇	7	1	2	4
3	虹溪镇	5	2	3	0
4	竹园镇	5	4	0	1
5	朋普镇	5	1	2	2
6	巡检司镇	5	1	1	3
7	西一镇	3	2	1	0
8	西二镇	6	3	0	3
9	西三镇	7	5	0	2
10	东山镇	7	6	0	1
11	五山乡	7	2	3	2
12	江边乡	7	4	2	1
13	合计	70	36	14	20

5.3　面山植被恢复与景观提升建设工程

5.3.1　建设现状

弥勒市西面山喀斯特地貌发育，土层浅薄，蓄水能力差，立地等级低，森林植被难以恢复。部分区域由于地势陡峭，山体坡度大，历史上五采区的存在，造成了不同程度的山体破坏，绿化地块零碎。部分面山土地被用于耕种，而耕地不利于山地土壤保育，面山耕地沙化日趋严重。石漠化、采矿及耕种的影响导致面山水土流失，加剧山体陡坡形成，土壤有机质及泥沙流失到面山下的水流中，破坏水体平衡，对整个森林、水体、气候环境及生态体系构建造成了消极影响，因此面山植被恢复与景观提升迫在眉睫。

5.3.2　建设目标

到 2026 年，全面完成弥勒市人民政府所在地(弥阳镇和西一镇)一级面山 773hm² 的植被恢复与景观提升，另将弥阳镇雨舍村委会莫拖白小组到小松棵小组 466hm² 农地，以及太平湖东面山近 233hm²(占马田至沙马洞)纳入城市面山绿化范围。实现宜林地区森林郁闭度不低于 0.5，造林困难地区乔灌综合覆盖度不低于 80%。已有森林的地段，补植部分景观树种，提升森林质量，除基本农田以外的城市面山实现绿化全覆盖。通过实施面山植被恢复与景观提升工程，形成以林带为主体，点、片、带、网相结合，绿化美化融为一体的面山森林景观新格局。

5.3.3　建设内容

在城市面山景观提升工程建设过程中力图以自然性、和谐性、纵深性、时序性为原则，采取封山育林、退耕还林、人工促进天然更新、森林抚育等工程措施建设更完备的城市面山森林生态体系。使弥勒城市面山既形成良好的绿色生态屏障，又具有季相色彩丰富、植被层次多样的绚丽景观效果，构建"春有花、夏有荫、秋有果、冬有青"的季相性植被景观序列。造林树种宜选用蒸腾量小的针叶树种(如柏木、华山松、云南松等)或叶子有一层蜡质层或硬质的耐旱阔叶树种(如女贞、麻栎、滇青冈等)(表 5-21)。

表 5-21　城市面山风景林提升工程一览表　　　　　　　　　单位：hm²

乡镇名称	面山植被恢复面积	面山景观提升面积	建设时间/年					
			2017～2019		2020～2022		2023～2026	
			恢复	提升	恢复	提升	恢复	提升
弥阳镇	62.3	939.7	35.1	140.4	20.5	100.3	6.7	699.0

乡镇名称	面山植被恢复面积	面山景观提升面积	建设时间/年					
			2017～2019		2020～2022		2023～2026	
			恢复	提升	恢复	提升	恢复	提升
西一镇	78.2	532.3	50.4	240.5	20.6	164.3	7.2	127.5
合计	140.5	1472.0	85.5	380.9	41.1	264.6	13.9	826.5

5.4　森林廊道建设工程

5.4.1　建设现状

弥勒市城郊绿色廊道根据功能与规模的不同，分为滨水绿廊和道路绿廊 2 种类型，其中道路绿廊包括高速公路、国省道、县乡道路和村道。绿色廊道在建设时应最大限度地保护、合理利用现有的自然和人工植被，通过色叶树种、观花树种、观果树种的合理间植，形成不同景观特点的城郊景观网络，并增加物种丰富度，维护区域内生态系统的健康与稳定。通过分析弥勒市交通局提供的数据，截止到 2016 年，弥勒市道路宜绿化总长度为 2181.25km，道路实际绿化总长度为 1145.503km，道路林木绿化率为 52.52%。通过分析弥勒市水务局提供的数据，截止到 2016 年，弥勒市河流宜绿化总长度为 208.3km，实际绿化总长度为 109.4km，河流林木绿化率为 52.52%；湖泊与水库岸线的宜绿化总长度为 63.82km，实际绿化总长度为 36.52km，河流与水库的林木绿化率为 57.22%。

5.4.2　建设目标

按照《国家森林城市评价指标》要求，道路的林木绿化率达 80% 以上，河流、水库、湖泊要基本绿化，其中河流、湖岸林木绿化率达 80%。结合弥勒市实际情况，将弥勒道路网建成森林生态廊道，将城郊内的生态绿地斑块联系起来，形成具有良好生态效益及景观风貌的生态格局。

2017～2019 年，道路林木绿化率达 82.21%，河流林木绿化率达 81.32%，湖岸林木绿化率达 82.22%。

2020～2022 年，道路林木绿化率达 85.11%，河流林木绿化率达 83.74%，湖岸林木绿化率达 84.53%。

2023～2026 年，道路林木绿化率达 88.53%，河流林木绿化率达 85.62%，湖岸林木绿化率达 87.23%。

5.4.3 建设内容

1. 通道森林

国省道绿色廊道建设要求：在进行绿廊建设时，宜采用以乡土植物为主，并选择具备色彩的观花、观果、色叶树种进行绿化。对有条件的中央分隔带采用乔、灌、花、草立体搭配，体现出层次感，其余可采用单株等距式栽植，在相邻两株乔木之间种植单行常绿灌木的方式。市级道路绿色廊道建设要求：建设时应根据道路连接的景观节点，以乡土植物为主，打造绿树成荫、枝繁叶茂，花果飘香的旅游休闲式绿廊景观。乡村道路绿色廊道建设要求：乡村道路绿廊应以地带性植物为主，采用生态修复等技术手段，恢复具有地域特色的植物群落。绿廊建设时应结合现有村庄设施，促进农村人居环境建设与村镇农业经济发展，塑造独具特色的田园生态景观，绿廊每一侧的绿化宽度不宜小于1.5m。

至规划期末，提升、新建设道路绿廊930.95km，其中新建道路绿廊785.65km，提升道路绿廊145.30km。2017～2019年，提升道路绿廊68.60km，新建道路绿廊647.80km；2020～2022年，提升道路绿廊40.5km，新建道路绿廊63.15km；2023～2026年，提升道路绿廊36.20km，新建道路绿廊74.70km(表5-22、表5-23)。

表5-22 弥勒非等级道路林木绿化建设任务分期规划建设表　　　单位：km

乡镇名称	提升	新建	合计	建设时间/年					
				2017～2019		2020～2022		2023～2026	
				新建	提升	新建	提升	新建	提升
弥阳镇	2.5	17.8	20.3	13.5	1.5	1.8	0.5	2.5	0.5
西一镇	8.0	1.0	9.0	0.0	4.0	0.0	2.0	1.0	2.0
西二镇	4.6	104.3	108.9	92.3	2.6	6.0	1.0	6.0	1.0
西三镇	6.8	0.0	6.8	0.0	2.8	0.0	2.0	0.0	2.0
新哨镇	3.5	28.2	31.7	24.2	1.5	2.2	1.0	1.8	1.0
东山镇	5.4	13.8	19.2	10.6	2.4	2.0	2.0	1.2	1.0
竹园镇	2.2	14.9	17.1	11.8	1.2	1.5	0.5	1.6	0.5
虹溪镇	3.1	16.9	20.0	15.3	1.1	0.8	1.0	0.8	1.0
五山乡	8.8	32.3	41.1	24.5	4.8	6.0	2.0	1.8	2.0
江边乡	3.0	16.5	19.5	13.0	2.0	3.0	0.5	0.5	0.5
巡检司镇	4.0	30.5	34.5	26.5	2.0	2.0	1.0	2.0	1.0
朋普镇	1.5	14.8	16.3	12.0	0.5	1.6	0.5	1.2	0.5
其他农村道路	13.4	442.9	456.3	393.5	5.4	17.4	4.0	32.0	4.0
合计	66.8	733.9	800.7	637.2	31.8	44.3	18.0	52.4	17.0

表 5-23　弥勒等级道路林木绿化建设任务分期规划建设表　　　　　　　单位：km

道路名称	级别	新建	提升	合计	建设时间/年					
					2017~2019		2020~2022		2023~2026	
					新建	提升	新建	提升	新建	提升
平锁高速	高速	1.20	0.5	1.7	0.6	0.3	0.00	0.2	0.6	0.0
G326 昆河路	二级	3.20	5.6	8.8	0.0	2.6	0.00	1.5	3.2	1.5
新丘线	三级	2.30	1.2	3.5	0.0	0.8	0.00	0.2	2.3	0.2
弥师线	三级	2.90	0.6	3.5	2.2	0.3	0.00	0.2	0.7	0.1
泸中线	三级	7.90	0.0	7.9	3.1	—	2.50	—	2.3	—
虹宣公路	三级	2.20	3.2	5.4	0.0	1.2	2.2	1.0	0.0	1.0
老 326 线	三级	4.60	12.4	17.0	0.0	6.2	0.00	3.0	4.6	3.2
大杨线	四级	3.60	0.4	4.0	2.1	0.2	0.00	0.1	1.5	0.1
弥小公路	四级	1.60	13.6	15.2	0.0	7.6	0.00	4.0	1.6	2.0
虹溪公路	四级	1.20	5.1	6.3	0.0	2.1	1.20	1.5	0.0	1.5
弥午线	四级	0.80	3.2	4.0	0.0	1.2	0.80	1.0	0.0	1.0
卫逸线	四级	0.95	3.8	4.75	0.0	1.4	0.95	1.2	0.0	1.2
路路公路	四级	2.20	0.4	2.6	0.0	0.2	2.20	0.1	0.0	0.1
连乡公路	四级	3.0	16.2	19.2	0.0	6.2	0.00	5.5	3.0	4.5
巡检司线	四级	0.50	0.2	0.7	0.0	0.1	0.50	0.1	0.0	0.0
绿松线	其他	2.30	0.8	3.1	0.0	0.4	2.30	0.2	0.0	0.2
雨补水库公路	其他	0.20	1.3	1.5	0.0	0.5	0.00	0.4	0.20	0.4
太平水库进库路	其他	0.70	0.6	1.3	0.6	0.3	0.00	0.2	0.1	0.1
明三公略	其他	0.40	0.1	0.5	0.0	0.1	0.40	0.0	0.0	0.0
东氮段	其他	0.40	0.3	0.7	0.3	0.1	0.00	0.1	0.1	0.1
跌龙电站公路	其他	2.90	2.4	5.3	1.7	1.4	0.0	0.5	1.2	0.5
云桂铁路	高铁	6.70	6.6	13.3	0.0	3.6	5.80	1.5	0.9	1.5
合计		51.75	78.5	130.25	10.6	36.8	18.85	22.5	22.3	19.2

2. 水岸森林

水岸森林是江、河、湖泊、水库自然风貌的重要组成部分，在不影响行洪安全、河床、岸基稳定的前提下，尽可能采用近自然模式开展水岸绿化。充分利用水岸沿线的宜林地、疏林地及其他可造林绿化的地块建设防护林带，并衔接周边的道路林网，形成贯通全境的水系绿色网络。

至规划期末，改造河道绿廊 49.7km，新建河道绿廊 68.95km，改造湖泊水库沿岸绿廊 13.92km，新建湖泊水岸绿廊 19.15km。其中，2017～2019 年，改造河道绿廊 25.1km，新建河道绿廊 59.99km，改造湖泊水库沿岸绿廊 7.42km，新建湖泊水岸绿廊 15.953km；2020～2022 年，改造河道绿廊 12.4km，新建河道绿廊 5.04km，改造湖泊水库沿岸绿廊 3.5km，新建湖泊水岸绿廊 1.474km；2023～2026 年，改造河道绿廊

12.2km，新建河道绿廊 3.92km，改造湖泊水库沿岸绿廊 3.1km，新建湖泊水岸绿廊 1.723km(表 5-24、表 5-25)。

表 5-24　弥勒市河流绿廊建设任务分期规划建设表　　　　　　　单位：km

河流名称	改造	新建	合计	建设时间/年					
				2017~2019		2020~2022		2023~2026	
				改造	新建	改造	新建	改造	新建
木梳井河	2.8	2.83	5.63	1.4	2.50	0.7	0.21	0.7	0.12
大沟边河	1.2	3.00	4.20	0.6	2.70	0.3	0.2	0.3	0.10
野则冲河	3.4	3.00	6.40	1.4	2.60	1.0	0.25	1.0	0.15
洛那河	4.2	4.75	8.95	2.2	4.10	1.0	0.4	1.0	0.25
小挖不得河	0.8	2.00	2.8	0.4	1.80	0.2	0.12	0.2	0.08
大可河	1.4	2.60	4.00	0.6	2.30	0.4	0.18	0.4	0.12
赤甸河	0.4	0.40	0.80	0.2	0.0	0.1	0.37	0.1	0.03
花口河	5.2	3.95	9.15	2.2	3.40	1.5	0.25	1.5	0.30
四道班河	0.8	1.85	2.65	0.4	1.60	0.2	0.15	0.2	0.10
林就河	6.8	5.72	12.52	3.8	5.00	1.5	0.32	1.5	0.40
小桃树河	2.4	1.78	4.18	1.4	1.50	0.5	0.18	0.5	0.10
甸溪河	12.2	11.97	24.17	6.2	10.40	3.0	0.82	3.0	0.75
白马河	1.5	2.32	3.82	0.8	2.00	0.4	0.22	0.3	0.12
里方河	2.9	3.92	6.82	1.8	2.70	0.6	0.22	0.5	0.10
南盘江	3.7	19.74	23.44	1.7	17.39	1.0	1.15	1.0	1.20
合计	49.7	68.95	118.53	25.1	59.99	12.4	5.04	12.2	3.92

表 5-25　弥勒市水库、湖泊绿廊建设任务分期规划建设表　　　　　単位：km

湖泊、水库名称	类型	改造	新建	合计	建设时间/年					
					2017~2019		2020~2022		2023~2026	
					改造	新建	改造	新建	改造	新建
雨补水库	中型	0.80	2.446	3.246	0.40	2.172	0.20	0.100	0.20	0.173
太平水库	中型	1.20	5.634	6.834	0.60	5.174	0.30	0.200	0.30	0.260
洗洒水库	中型	1.60	0.314	1.914	0.60	0.124	0.50	0.080	0.50	0.110
租舍水库	中型	1.0	0.268	1.268	0.60	0.158	0.20	0.000	0.20	0.110
迎春水库	小(一)型	0.20	0.454	0.654	0.10	0.384	0.10	0.000	0.10	0.070
鸡街铺水库	小(一)型	0.10	0.389	0.489	0.10	0.339	0.00	0.000	0.00	0.050
雨介水库	小(一)型	0.60	0.180	0.780	0.30	0.000	0.15	0.000	0.15	0.180
白云水库	小(一)型	0.40	1.064	1.464	0.20	1.024	0.10	0.000	0.10	0.040
招北水库	小(一)型	0.20	0.152	0.352	0.10	0.066	0.10	0.026	0.00	0.060

湖泊、水库名称	类型	改造	新建	合计	建设时间/年					
					2017~2019		2020~2022		2023~2026	
					改造	新建	改造	新建	改造	新建
杨梅冲水库	小(一)型	0.00	0.406	0.406	0.0	0.302	0.00	0.024	0.00	0.080
保云水库	小(一)型	0.30	0.350	0.650	0.20	0.230	0.05	0.000	0.05	0.120
盆河水库	小(一)型	0.70	0.260	0.960	0.30	0.205	0.20	0.000	0.20	0.055
茂卜水库	小(一)型	0.10	0.433	0.533	0.10	0.403	0.030		0.00	0.000
歪者山水库	小(一)型	0.10	0.665	0.765	0.10	0.585	0.030		0.00	0.050
小黑洞水库	小(一)型	0.10	0.358	0.458	0.10	0.338	0.020		0.00	0.000
黑果坝水库	小(一)型	0.20	0.670	0.770	0.10	0.000	0.10	0.670	0.10	0.000
者圭水库	小(一)型	0.60	0.000	0.60	0.30	0.000	0.20	0.000	0.10	0.000
龙母沟水库	小(一)型	0.90	0.030	0.930	0.30	0.000	0.30		0.30	0.030
者甸水库	小(一)型	0.10	0.433	0.533	0.10	0.403	0.030		0.00	0.000
糯租水电站水库	小(一)型	0.50	2.106	2.606	0.30	1.836	0.120		0.00	0.150
湖泉生态园	人工湖	2.20	0.000	2.200	1.20	0.000	0.50	0.000	0.50	0.000
红河水乡	人工湖	1.42	0.000	1.420	1.02	0.000	0.20	0.000	0.20	0.000
羊街塘子	天然湖泊	0.20	0.945	1.145	0.10	0.840	0.050		0.00	0.055
黄家庄海子	天然湖泊	0.10	0.710	0.810	0.10	0.630	0.040		0.00	0.040
朝阳寺水库	天然湖泊	0.30	0.840	1.140	0.10	0.740	0.10	0.050	0.10	0.050
合计		13.92	19.150	33.070	7.32	15.953	3.50	1.474	3.10	1.723

5.5 山地森林质量提升工程

5.5.1 建设现状

弥勒地处云贵高原南部的中山地带，境内山岭均属横断山脉云岭分支的南延部分。北部地形起伏平缓，石灰岩广布，岩溶发育，高原面较完整；西、南、东部在南盘江及其支流的切割、侵蚀作用下，形成东西多山、中部低凹、北高南低、两山围三坝的中山山岭盆地地貌。近年来，随着弥勒城市化进程的加快，导致城中和城镇周边大量的山坡、山丘被城区发展侵蚀。"十二五"期间，弥勒坚持"生态优先、绿色发展"理念，大力实施林业工程项目，完成天然林资源管护 103986hm^2、公益林建设 9533hm^2、石漠化综合治理 5288hm^2、森林抚育 8667hm^2。但总体来说，弥勒市天然林和地带性植被的比例不高，大面积山地森林以针叶树种为主，存在林相单一、林分结构简单、质量不高等特点。且部分林地受到破坏和占用，出现退化、病虫害现象，山地森林生态系统稳定性差，生产力水平不高，在一定程度上制约着城市的绿色发展。

5.5.2　建设目标

城市山地森林景观构建的总体目标在于结合现有林地特征，增大林地斑块面积，丰富林地斑块和廊道的类型，改变斑块形状和大小，完善林地斑块和廊道的空间格局，降低森林景观隔离度和破碎度，提升森林景观的多样性和稳定性。

对城区近郊的山地森林重点开展植被恢复与景观提升，开展森林公园、郊野公园、湿地公园建设，为城镇居民提供休闲养身的场所；对远郊山地森林主要开展石漠化治理工程、公益林保护工程、防护林建设工程、矿区植被恢复工程、森林抚育工程。规划期内完成石漠化治理 1323.16hm²，公益林管护面积 169174hm²，森林抚育 19980hm²，矿区生态修复治理 100hm²，新建水源涵养林 4 处。

2017～2019 年，石漠化治理面积 697.63hm²；公益林管护项目建设共 82935hm²；新建矿区生态恢复示范基地 49hm²；森林抚育项目建设共计 5994hm²；新建水源涵养林 2 处。

2020～2022 年，石漠化治理面积 381.73hm²；公益林管护项目建设共 62428hm²；新建矿区生态恢复示范基地 31hm²；森林抚育项目建设共计 5994hm²；新建水源涵养林 1 处。

2023～2026 年，石漠化治理面积 243.8hm²；公益林管护项目建设共 23811hm²；新建矿区生态恢复示范基地 20hm²；森林抚育项目建设共计 7992hm²；新建水源涵养林 1 处。

5.5.3　建设内容

1.　石漠化治理

弥勒市属典型的岩溶地区。由于石漠化日趋严重，导致区域内水土流失加剧，自然灾害频发。加之石漠化土地石砾含量高，植被稀少，生物多样性锐减，因此防治石漠化是弥勒市森林城市建设的重点。规划期内应对石漠化严重区域的林地实施保护措施。大力开展石漠化综合治理，并结合退耕还林、封山育林、防护林建设等工程项目，对轻度、中度、重度石漠化结合"近自然林业模式"进行植被恢复，实现石漠化地区的生态植被重建，提高森林覆盖率和林地质量。

至规划期末，弥勒规划石漠化治理共 1323.16hm²，其中 2017～2019 年，石漠化治理面积 697.63hm²，2020～2022 年石漠化治理面积 381.73hm²，2023～2026 年，石漠化治理面积 243.80hm²（表 5-26）。

表 5-26　弥勒市石漠化治理任务分期建设表　　　　　　　　单位：hm²

统计单位	石漠化治理面积	建设时间/年		
		2017～2019	2020～2022	2023～2026
西二镇	204.2	90.20	78.00	36.00
巡检司镇	134.4	70.00	40.40	24.00

统计单位	石漠化治理面积	建设时间/年		
		2017～2019	2020～2022	2023～2026
五山乡	142.5	80.50	36.00	26.00
竹园镇	105.6	50.30	35.00	20.30
朋普镇	300.0	200.00	50.00	50.00
新哨镇	70.03	30.03	25.00	15.00
虹溪镇	62.8	35.00	20.30	7.50
西一镇	83.4	43.20	28.20	12.00
西三镇	74.5	32.30	24.20	18.00
江边乡	56.9	28.60	15.30	13.00
弥阳镇	43.53	19.5	14.03	10.00
东山镇	45.3	18.00	15.3	12.00
合计	1323.16	697.63	381.73	243.80

2. 公益林管护工程

在维持现有公益林面积的基础上，应加强生态公益林的保护，提高河流沿岸及大、中型水库、城镇、道路周边生态公益林质量，通过自然保护区建设、森林公园建设、退耕还林、封山育林等措施，新增生态公益林面积。对现有低质、低效生态公益林进行提质增效，提升生态功能等级。建立公益林建设和保护管理机制，切实加强公益林的保护和管理。

至规划期末，弥勒市将落实公益林管护项目共 169174hm²，加大对公益林保护力度。其中 2017～2019 年，公益林管护项目建设共 82935hm²，2020～2022 年公益林管护项目建设共 62428hm²，2023～2026 年，公益林管护项目建设共 23811hm²（表 5-27）。

表 5-27　公益林管护项目建设表　　　　　　　　　　　　　　　　单位：hm²

统计单位	建设规模	建设时间/年		
		2017～2019	2020～2022	2023～2026
西二镇	19888	9451	7486	2951
巡检司镇	14898	6459	5424	3015
五山乡	16920	7597	6920	2403
竹园镇	17950	8953	7642	1355
朋普镇	16874	8502	7436	936
新哨镇	13869	7458	5213	1198
虹溪镇	16922	7894	6548	2480
西一镇	12898	6892	3428	2578

续表

统计单位	建设规模	建设时间/年		
		2017～2019	2020～2022	2023～2026
西三镇	9222	5023	3014	1185
江边乡	10890	5289	3254	2347
弥阳镇	9805	4521	3278	2006
东山镇	9038	4896	2785	1357
合计	169174	82935	62428	23811

3. 矿区植被恢复示范工程

弥勒市矿区立地条件较差，大部分区域岩石裸露、土层瘠薄，基本不具备直接造林进行植被恢复的条件。为尽快对该区域进行植被恢复，应采取工程措施与生物措施相结合的方法，进行综合治理。

至规划期末，弥勒市将建设矿区植被恢复示范基地共计 100hm²。其中 2017～2019 年，新建矿区植被恢复示范基地 49hm²，2020～2022 年，新建矿区植被恢复示范基地 31hm²，2023～2026 年新建矿区植被恢复示范基地 20hm²（表 5-28）。

表 5-28　矿区植被恢复示范基地分期建设表　　　　　　　　　　单位：hm²

统计单位	建设规模	建设时间/年		
		2017～2019	2020～2022	2023～2026
西二镇	8	4	2	2
巡检司镇	10	6	2	2
五山乡	8	4	2	2
竹园镇	10	6	3	1
朋普镇	12	6	4	2
新哨镇	14	6	5	3
虹溪镇	6	3	2	1
西一镇	8	4	2	2
西三镇	6	3	2	1
江边乡	5	2	2	1
弥阳镇	7	2	3	2
东山镇	6	3	2	1
合计	100	49	31	20

4. 森林抚育工程

对符合森林抚育条件的中幼龄林实施森林抚育工程，通过抚育间伐、修枝、割灌除草等方式促进林木生长，提高单位面积蓄积量。

至规划期末，弥勒市将落实森林抚育项目建设共 19980hm²，其中 2017～2019 年落实森林抚育项目建设共计 5994hm²，2020～2022 年落实森林抚育项目建设共计 5994hm²，2023～2026 年落实森林抚育项目建设共计 7992hm²（表 5-29）。

表 5-29　森林抚育项目建设表　　　　　单位：hm²

林场	建设规模	建设时间/年		
		2017～2019	2020～2022	2023～2026
竹园林场	3330	999	999	1332
鲁地林场	3330	999	999	1332
洛那林场	3330	999	999	1332
朋普河林场	3330	999	999	1332
者甸林场	3330	999	999	1332
普龙林场	3330	999	999	1332
合计	19980	5994	5994	7992

5. 水源涵养林工程

在水源地的源头、汇水区、支流及其他区域建设水源涵养林。遵循适地适树原则，以针阔混交林为主，配置合适的伴生树种和灌木，以形成混交复层林结构。选用的造林树种主要为水杉、柳杉、杉木、柏木、滇青冈、香樟、柳树、枫香、栾树、鹅掌楸、红叶石楠等，以达到涵养水源、消减污染、净化水质、改善水环境的目的。

至规划期末，新建河流型水源涵养林 4 处，其中 2017～2019 年新建水源涵养林 2 处，分别为甸溪河和花口河水源涵养林。2020～2022 年新建水源涵养林 1 处，为白马河水源涵养林。2023～2026 年新建水源涵养林 1 处，即禹门河水源涵养林（表 5-30）。

表 5-30　水源涵养林分期建设规划表　　　　　单位：hm²

名称	水源涵养林类型	规划面积	分期目标		
			2017～2019 年	2020～2022 年	2023～2026 年
甸溪河	河流	1000	√		
花口河	河流	500	√		
白马河	河流	500		√	
禹门河	河流	300			√

5.6　生物多样性保护基地建设工程

5.6.1　建设现状

自然保护区是生物多样性保护的核心区域，是推进生态文明、建设美丽中国的重要载体，在涵养水源、保持土壤、防风固沙、调节气候和保护珍稀特有物种资源、典型生态系统及珍贵自然遗迹等方面具有重要作用。截至 2015 年底，云南省全省共建自然保护区 161 个，其中国家级 21 个，省级 38 个，州市级 56 个，县区级 46 个，总面积约 28600km²，占全省面积的 7.3%。自然保护区建设是开展生物多样性、推进森林城市建设必不可少的途径，但弥勒市目前尚未建设自然保护区，缺乏相应的生物多样性保护工作，在一定程度上影响了创森工作的推进。

5.6.2　建设目标

科学评估现有森林资源和野生物种的保护价值，通过建设自然保护区，加大对全市范围内野生动植物的保护力度，全面提高生物多样性保护水平，初步建设稳定、协调的弥勒市自然保护区体系。规划建设 4 个县级自然保护区。其中近期 2 个，中期 1 个，远期 1 个；建设 2 个湿地公园，其中中期 1 个，远期 1 个。

5.6.3　建设内容

1. 自然保护区

到规划期末，在弥勒市新建自然保护区(小区)4 个，使全市范围内野生动植物物种及栖息地得到有效保护(表 5-31)。

表 5-31　弥勒市保护区建设规划表　　　　　　　　　　　　　单位：hm²

保护区名称	级别	建设地点	建设规模	保护对象	规划		
					2017～2019 年	2020～2022 年	2023～2026 年
弥勒苣苔保护小区	县级	西一镇雨龙村委会磨香井村小组	40	弥勒苣苔	√		
南盘江苏铁自然保护区	县级	东山镇、江边乡南盘江岸	200	南盘江苏铁	√		
鲁地自然保护区	县级	江边林业局鲁地林场、洛那林场	150	尖叶木樨榄		√	
竹园云南松自然保护区	县级	竹园林场红坡头林区	120	云南松			√

2. 湿地公园

到规划期末，在弥勒市建设湿地公园 2 个，使全市范围内有重要保护价值的湿地资源得到有效保护。

1)湖泉湿地公园

湖泉湿地公园总面积 206.35hm²，湖面面积约 113hm²。公园内具有天然温泉、河流和人工湖泊等多种类型湿地。通过提升改造，争取在规划期末建设为国家湿地公园。

2)甸溪河湿地公园

甸溪河湿地公园位于甸溪河大路西至东风段，以河流沿岸生态修复、物种保护为前提，紧扣新形势下治水思路，建设湿地公园（表 5-32）。

表 5-32   弥勒市湿地公园建设任务分期规划建设表   单位：hm²

湿地公园名称	建设地点	建设规模	建设时间			建设性质
			2017~2019 年	2020~2022 年	2023~2026 年	
湖泉湿地公园	弥阳镇	206.35			√	提升
甸溪河湿地公园	甸溪河大路西至东风段	234.56		√		新建

5.7   城郊休闲游憩空间建设工程

5.7.1   建设现状

截至 2016 年，弥勒市有白蜡郊野公园和租舍水库郊野公园 2 处，锦屏山省级森林公园 1 处。随着城市发展，以及居民需求的多样变化，城郊休闲游憩空间的数量不能满足城乡居民生态旅游需求。

5.7.2   建设目标

城郊休闲游憩空间建设应遵循"坚持生态优先、彰显自然特色、适应游憩活动、体现地域特点"的原则，以植被保育为前提，结合弥勒市全域旅游布局，加强城郊森林公园的开发建设，提高城郊森林公园的数量与质量，提升城郊森林公园建设管理水平。使弥勒市范围内各类具有重要价值的森林风景资源得到有效保护，游客接待服务能力不断增强，形成布局合理、功能完备的森林风景资源保护、管理和利用体系。

至规划期末，规划新建森林公园 6 个。2017~2019 年，新建森林公园 2 个；2020~2022 年，新建森林公园 2 个；2023~2026 年，新建森林公园 2 个。

5.7.3   建设内容

按照因地制宜、均衡布局的原则，选择森林自然环境优美、生物资源丰富，自然景观和人文景观比较集中，具有重要观赏、文化、科研价值和一定规模的国有林地开展建设。在严格保护、分区建设的基础上，在森林公园一般游憩区内开展如远足、爬山、垂钓、漂流、野营、观赏、山地自行车游等各项户外活动，使森林公园成为弥勒城市居民节假日强身健体、陶冶情操的好去处。

至规划期末，规划新建森林公园 6 个，2017~2019 年新建 2 个森林公园，分别为云峰山石漠化森林公园和金顶山森林公园，2020～2022 年新建森林公园 2 个，分别为东山万亩华山松森林公园和点江森林公园，2023～2026 年新建森林公园 2 个，分别为太平湖森林公园和拖白山森林公园（表 5-33）。

表 5-33　弥勒市森林公园建设任务分期规划建设表　　　　　单位：hm²

森林公园名称	级别	建设地点	建设规模	建设时间			备注
				2017～2019 年	2020～2022 年	2023～2026 年	
太平湖森林公园	4A 级景区标准	弥阳镇	3000.00			√	新建
拖白山森林公园	省级	弥阳镇	1000.00			√	新建
云峰山石漠化森林公园	县级	竹园镇、朋普镇西面山与虹溪镇、巡检司镇部分区域交界	9666.67	√			新建
东山万亩华山松森林公园	县级	东山镇弥西坡	666.67		√		新建
金顶山森林公园	县级	新哨镇东面和东山镇西面的金顶山、杨梅山	3333.33	√			新建
点江森林公园	县级	朋普镇至江边乡公路和竹园林场、江边局部分国有林林区	6666.67		√		新建

5.8　绿道建设工程

5.8.1　建设现状

　　绿道是一种线形绿色开敞空间，通常沿着河滨、溪谷、山脊、风景道路等自然和人工廊道建立，内部设置可供行人和骑车者进入的景观游憩线路，由节点系统、慢行系统、绿廊系统、标识系统、服务设施系统和交通衔接系统组成，是连接城市公园、自然保护区、风景名胜区、文化景观、历史古迹与人口密集地区之间的绿色纽带。建设绿道有利于更好地保护和利用自然，为居民提供贴近自然的休闲健身的场所。目前弥勒市绿道集中分布在湖泉生态园，全市尚缺乏绿道系统规划和建设。

5.8.2　建设目标

　　结合弥勒市现状旅游资源分布和土地空间格局，建设都市型、城郊型和生态型三种类型的慢性系统。都市型慢行道沿弥勒市城市公园、湖泉生态园以及滨水绿地周边的道路布设，以改善人居环境、方便居民休闲活动为主。城郊型慢行道是依托旅游公路、乡道及乡间小道等串联特色景点的道路,以加强城乡生态联系、满足城市郊野休闲需求。生态型绿道位于生态保护区和重要景区范围内,以保护生态环境、欣赏自然景致为主。

2017~2019 年,规划新建都市型慢行道 7.6km;城郊型慢行道 37km;生态型慢行道 30km;新建慢行道共 74.6km。

2020~2022 年,规划新建都市型慢行道 3.9km;城郊型慢行道 22km;生态型慢行道 10.5km;新建慢行道共 36.4km。

2023~2026 年,规划新建都市型慢行道 1.2km;城郊型慢行道 31km;生态型慢行道 10km;新建慢行道共 42.2km。

5.8.3　建设内容

1.　都市型慢行道

根据弥勒市中心城区内公园绿地的分布情况,串联玉皇阁森林公园、湖泉生态园、红河水乡、文昌宫、花口河彝族风情园、花口河滨水带状公园等绿地形成一个都市慢行圈。"绿圈"可以改善城市绿地结构和环境,提高公园绿地的使用效率,为市民打造一个精致、有品位的户外休闲空间。在玉皇阁森林公园、花口河彝族风情园内建设综合慢行道,满足游客慢跑、徒步、骑行以及中小学生开展自行车赛事等运动健身需求。都市型慢行道建设详见表 5-34。

表 5-34　弥勒市都市型慢行道建设一览表　　　　　　　　　　　单位：km

慢行道类型		建设地点	建设规模	2017~2019 年	2020~2022 年	2023~2026 年
都市型	步行道	花口河彝族风情园	1.2			√
	自行车道	锦屏路	1.3	√		
		王炽路	0.7		√	
		拖白路	1.4		√	
	综合慢行道	湖泉生态园至拖白路与二环南路口	2.8	√		
		玉皇阁森林公园至湖泉生态园	3.5	√		
		玉皇阁森林公园	1.8		√	
		合计	12.7	7.6	3.9	1.2

2.　城郊型慢行道

城郊型绿道建设,要与城市绿道无缝衔接,使绿道的生态效益惠及百姓。在甸溪河边建设生态步行道,步道两侧植物配置以乔灌结合为主,适量选种一些野花野草,形成疏密有致、独具乡野特色的绿道景观。可邑村和红万村是弥勒市典型的传统古村落,将这些具有重要历史价值和艺术价值的景观资源通过绿道连接,不仅可以丰富旅游出行方式,增加旅游体验,还可为历史文化遗址的保护提供支持。整个城郊型慢行系统形成以西三镇经弥阳镇、新哨镇至竹园镇的干道和各乡镇至景区的支道组成的"枝状"慢行网,构建弥勒市居民出游、运动、休闲的慢行绿廊。城郊型慢行道建设详见表5-35。

表 5-35 弥勒市城郊型慢行道建设一览表 单位:km

慢行道类型		建设地点	建设规模	2017~2019 年	2020~2022 年	2023~2026 年
城郊型	步行道	新哨镇甸溪河	4		√	
	自行车道	竹园镇至白龙洞风景名胜区	12	√		
		新哨镇至锦屏山风景区	25	√		
	综合慢行道	弥阳镇至可邑民俗文化村	16			√
		弥阳镇至红万民俗文化村	15			√
		新哨镇至白龙洞风景名胜区	18		√	
		合计	90	37	22	31

3. 生态型慢行道

结合弥勒市各风景名胜区、郊野公园、森林公园、传统村落的分布情况,依托现有景区景点,在可邑民俗文化村、甸溪河湿地公园、锦屏山风景区、白龙洞风景名胜区、太平湖森林公园内部,在满足游客的不同需求的情况下,结合最适出行距离,设置步行道、自行车道和综合慢行道。生态型慢行道建设详见表5-36。

表 5-36 弥勒市生态型慢行道建设一览表 单位:km

慢行道类型		建设地点	建设规模	2017~2019 年	2020~2022 年	2023~2026 年
生态型	步行道	可邑民俗文化村	3		√	
	自行车道	甸溪河湿地公园	7.5		√	
	综合慢行道	锦屏山风景区	12	√		
		白龙洞风景名胜区	18	√		
		太平湖森林公园	10			√
		合计	50.5	30	10.5	10

第6章　城市林业产业体系建设

弥勒市以高原特色林业建设发展为目标，结合"山水弥勒、文化弥勒、休闲弥勒"的建设，坚持绿色发展理念，引导林产业规模化、特色化、高效化发展，依托现有林产业的基础条件和资源优势，以市场需求为导向，扶持新兴产业，提升传统产业，优化产业结构，推动弥勒林业产业跨越式发展。

6.1　林木种苗培育工程

6.1.1　建设现状

弥勒市种苗培育基地建设稳步发展，有林业种苗基地 17 家，种植面积约 480hm²，年产值达 3630 万元。主要种子、种苗有华山松、云南松、滇油杉、滇朴、蓝桉、核桃、油牡丹、油茶、芒果、石榴、葡萄等。观赏苗木种植面积 1000hm²，现存苗木 531 万株，苗木资产总值 2.8 亿元，固定资产 3400 万元，年销售额为 2700 万元。

"十二五"期间，市种苗管理机构全力整顿苗木市场，严把林木种子生产经营许可证发放关，建立健全生产经营资料，查处违法生产、经营苗木案件多起，开展全市林木种质资源普查，确保重点工程苗木检验率和合格率均达 90％以上。

6.1.2　建设目标

建立起高质量种苗生产供应体系。推进林木种苗基地建设，开展优苗培育，提高林木种苗质量，健全管理体系，强化质量监督。规划到创建森林城市末期，全市造林良种使用率达 80％，基地供苗率达 90％，种子受检率达 100％，以满足创森各项林业工程项目的种子与苗木的需求，并为今后森林城市建设可持续发展打下良好基础。

规划期内，弥勒市新建采种、采条基地 1 处，新增采种、采条总面积 100hm²，新建林木良种采穗基地 3 处，总面积 6hm²；新建林木良种基地 3 个，总面积 5hm²。建设林木苗圃 3 个，面积共 100hm²。苗木花卉种植面积达 300hm²，培育 20 家苗木花卉龙头企业，建立 23 个观赏苗木基地，重点扶持苗木花卉示范户 30 户以上。

2017～2019 年，建设观赏苗木基地 12 个，面积 173.3hm²；2020～2022 年，建设观

赏苗木基地 6 个，面积 70.0hm^2；2023～2026 年，建设观赏苗木基地 5 个，面积 56.7hm^2。

6.1.3　建设内容

1. 采种基地建设

弥勒市新建采种、采条基地 1 处，新增采种、采条总面积 100hm^2。采种基地根据需要配备晒种场、种子贮藏仓库、种子检验室、标本室、档案室等基础设施，以及必要的运输车辆。

2. 良种基地建设

进一步加大对良种基地建设资金投入和管理力度，对现有良种基地实施产能提升，建设以特色经济林、珍贵用材林、短周期工业原料林、速生丰产工业原料林等为主的林木良种基地。新建林木良种采穗基地 3 处，总面积 6hm^2；新建林木良种基地 3 个，总面积 5hm^2。

保障性苗圃建设工程。选择基础设施条件较好、生产供应辐射范围广、育苗新技术应用较好的苗圃作为保障性苗圃。加大资金投入，改善生产经营条件，加强科技支撑，改进育苗方式和育苗技术，进一步提高苗木质量和生产供应能力，保证林业建设及自然灾害年份、种苗市场不稳定时良种壮苗供应。规划弥勒市新建一个市级保障性苗圃，保障性苗圃面积不低于 20hm^2，预计可以生产苗木 2000 万株。

3. 林木苗圃基地建设

林木苗圃建设可为弥勒市林业工程项目和森林城市建设提供苗源保障。林木苗圃主要栽植弥勒市常见森林植被群落组成树种，如华山松、云南松、麻栎、滇青冈、桤木、滇油杉等。至规划期末，在土壤气候条件和交通条件较好的西一镇、朋普镇、江边乡，建设林木苗圃 3 个，面积共 100hm^2。

4. 观赏苗木基地建设

把发展花卉苗木产业作为调整林业产业结构和推进社会主义新农村建设、实现林农增收的重要举措来抓。以国省道及其他公路沿线为重点区域，通过融资、招商引资等市场化运作方式，加快全市花卉苗木基地建设，以市场为导向，以科技为支撑，发挥区域优势，不断优化观赏苗木产业布局和提质增效，推进苗木产品生产基地化、生产经营规模化、资源培育和销售一体化，形成产品特色突出、资源配置合理、综合效益显著的观赏苗木生产经营区发展格局。重点发展黄连木、小叶榕、蓝花楹、鱼尾葵、山玉兰、广玉兰、清香木、木芙蓉、女贞、喜树、滇朴、雪松、云南松、云南含笑、缅桂、头状四照花、球花石楠、金钱松、云南紫荆、光叶子花、常春油麻藤、紫藤、爬山虎等观赏植物。

到规划期末，全市新建 23 个观赏苗木基地，面积 300hm²，培育 20 家苗木花卉龙头企业，重点扶持苗木花卉示范户 30 户以上。其中，2017～2019 年新建观赏苗木基地 12 个，面积 173.3hm²，2020～2022 年新建观赏苗木基地 6 个，面积 70.0hm²，2023～2026 年新建观赏苗木基地 5 个，面积 56.7hm²。

全面推进观赏苗木基地基础设施建设、特色苗木培育和提质增效，提高弥勒市苗木自给率。逐步确立苗木花卉在全市农林业中的主导产业地位，真正成为省城昆明市的后花园，滇南片区独具特色的苗木花卉生产基地与市场中心。弥勒市观赏苗木基地建设情况见表 6-1。

表 6-1　弥勒市观赏苗木基地建设表

统计单位	基地数量/个			基地面积/hm²		
	2017～2019 年	2020～2022 年	2023～2026 年	2017～2019 年	2020～2022 年	2023～2026 年
弥阳镇	3	1	1	40.0	13.3	13.3
新哨镇	0	1	1	0.0	6.7	10.0
虹溪镇	0	1	0	0.0	6.7	0.0
竹园镇	4	1	1	60.0	16.7	6.7
朋普镇	3	0	1	46.7	0.0	13.3
西一镇	1	0	1	6.7	0.0	13.3
西二镇	1	1	0	20.0	13.3	0.0
西三镇	0	1	0	0.0	13.3	0.0
合计	12	6	5	173.3	70.0	56.7

6.2　高原特色经济林建设工程

6.2.1　建设现状

弥勒市采取切实有效的措施大力发展木本油料林、速生丰产用材林等林业产业并取得了显著的成效。木本油料林种植规模达到 41253hm²，有 9000hm² 初步产生经济效益，年产值达 2.6 亿元。

6.2.2　建设目标

2017～2019 年，发展经济林果种植面积 13473.3hm²；2020～2022 年，发展经济林果种植面积 7980hm²；2023～2026 年，发展经济林果种植面积 2863.3hm²。

6.2.3 建设内容

加强经济林木良种基地建设，在全市范围内推进以木本油料、特色水果种植为主的林产业建设，强化科技示范和先进技术推广。结合弥勒市地理气候特点，重点发展以核桃、油桐等为主的木本油料种植。发展以葡萄、梨、椪柑、石榴、枇杷、芒果为主的特色水果种植。

规划发展木本油料种植 23000hm²，其中核桃 19333.3hm²，油桐 3666.7hm²。规划发展特色水果种植 1316.6hm²，其中葡萄 400.0hm²，桃 206.7hm²，梨 80.0hm²，椪柑453.3hm²，石榴 43.3hm²，枇杷 73.3hm²，芒果 60.0hm²（表6-2）。

表6-2 弥勒市经济林果种植表 单位：hm²

种植品种	种植面积			合计
	2017~2019 年	2020~2022 年	2023~2026 年	
核桃	10666.7	6666.7	2000.0	19333.3
油桐	2000.0	1000.0	666.7	3666.7
葡萄	200.0	133.3	66.7	400.0
桃	100.0	66.7	40.0	206.7
梨	53.3	13.3	13.3	80.0
椪柑	333.3	66.7	53.3	453.3
石榴	26.7	10.0	6.7	43.3
枇杷	53.3	13.3	6.7	73.3
芒果	40.0	10.0	10.0	60.0
合计	13473.3	7980.0	2863.3	24316.6

6.3 林下经济产业工程

6.3.1 建设现状

弥勒市利用森林资源优势，大力发展林下经济产业，截止到 2016 年，弥勒市林下野生动物人工驯养年产值 989 万元，年产野生菌 2000t、人工菌 1342.8t、森林蔬菜及竹笋500t，产值 2.3 亿元。

6.3.2 建设目标

2017~2019 年，发展林下种植面积 1800hm²，发展林下养殖面积 4000hm²；2020~

2022 年，发展林下种植面积 900hm²，发展林下养殖面积 3333.3hm²；2023～2026 年，发展林下种植面积 633.3hm²，发展林下养殖面积 2666.7hm²。

6.3.3　建设内容

为实施"科技兴林，产业强林，科学发展"战略目标，延长林业产业链，做大做强林业产业，实现林业可持续发展。通过特色产业引领立体种植、立体养殖反哺特色产业的方式，把发展林下经济与林业结构调整、林业产业化、发展特色产业和建设社会主义新农村等结合起来，形成近期得利、长期得林、远近结合、林农牧协调发展的新格局。

规划到 2026 年，发展林下种植面积 3333.3hm²。其中，林下药材种植面积 1333.3hm²，林下茶种植面积 666.7hm²，林下蔬菜种植 800.0hm²，林下人工繁殖野生食用菌 533.3hm²。林下养殖面积 10000.0hm²。弥勒市林下种植和养殖规模见表 6-3。

表 6-3　弥勒市林下种植与养殖发展规模表　　　　　　　　　单位：hm²

种植内容	种植面积			合计
	2017～2019 年	2020～2022 年	2023～2026 年	
林药	666.7	400.0	266.7	1333.3
林茶	333.3	166.7	166.7	666.7
林菌	266.7	200.0	66.7	533.3
林蔬	533.3	133.3	133.3	800.0
小计	1800.0	900.0	633.3	3333.3
林下养殖	4000.0	3333.3	2666.7	10000.0

6.4　森林生态旅游工程

6.4.1　建设现状

弥勒市历史悠久，自然环境优美，山清水秀，旅游资源丰富。截至 2016 年，弥勒市拥有森林公园 1 个，4A 级景区 1 个、3A 级景区 1 个、2A 级景区 1 个，国家工农业旅游示范点 2 个。其中锦屏山风景区、熊庆来故居、玉皇阁风景区、小寨清真寺、红万村是弥勒生态旅游景点的代表。

6.4.2　建设目标

以市场为导向，以保护、开发和利用森林、湿地等景观资源为重点，加强生态旅游基础设施建设，将自然风光与人文景观相结合，发展以森林公园、郊野公园为主体，以森林人家、森林庄园、城郊采摘园等服务业为补充的生态旅游网络体系，并建立、健全森林旅游经营服务管理体系，促进弥勒市森林旅游产业快速发展。

规划建设森林庄园 17 个，建设森林人家 36 个，新建城郊采摘园 11 个。

2017～2019 年新建森林庄园 12 个，新建森林人家 15 个，新建城郊采摘园 5 个。

2020～2022 年建设森林庄园 3 个，新建森林人家 7 个，新建城郊采摘园 4 个。

2023～2026 年建设森林庄园 2 个，新建森林人家 14 个，新建城郊采摘园 2 个。

6.4.3 建设内容

1. 森林庄园

在城镇附近，结合规划建设的各类林业种植、养殖基地，以企业为主体，通过企业＋农户的合作形式，建设森林庄园。森林庄园以发展乔木经济林果为主，具备较好的森林景观效果，同时具有相应的基础设施和旅游服务设施。规划建设森林庄园 17 个。其中，2017～2019 年新建森林庄园 12 个，2020～2022 年建设森林庄园 3 个，2023～2026 年建设森林庄园 2 个。森林庄园建设情况见表 6-4。

表 6-4　森林庄园规划建设表　　　　　　　　　　单位：个

乡镇名称	庄园数量	庄园名称	2017～2019 年	2020～2022 年	2023～2026 年
弥阳镇	2	观赏苗木庄园、葡萄庄园	1	1	0
新哨镇	2	葡萄庄园、银杏庄园	1	1	0
虹溪镇	2	蔬菜庄园、观赏苗木庄园	1	1	0
竹园镇	2	核桃庄园、观赏苗木庄园	1	0	1
朋普镇	2	椪柑庄园、石榴庄园	1	0	1
巡检司镇	1	枇杷石榴庄园	1	0	0
西一镇	1	茶庄园	1	0	0
西二镇	1	中草药庄园	1	0	0
西三镇	1	核桃庄园	1	0	0
五山乡	1	皇冠梨庄园	1	0	0
东山镇	1	苹果庄园	1	0	0
江边乡	1	芒果庄园	1	0	0
合计	17		12	3	2

2. 森林人家

在城镇附近，选择面积较大，并具有良好林木绿化条件，生态环境优良的农家乐建设成为森林人家。森林人家结合林下蔬菜种植、林下养殖等建设内容，主要向市民提供绿色餐饮。规划建设森林人家 36 个，其中，2017～2019 年新建森林人家 15 个，2020～2022 年新建森林人家 7 个，2023～2026 年新建森林人家 14 个。森林人家建设情况见表 6-5。

表 6-5　森林人家规划建设表

单位：个

县（乡镇）	建设数量	2017~2019 年	2020~2022 年	2023~2026 年
弥阳镇	5	2	1	2
新哨镇	3	2	1	0
虹溪镇	4	1	1	2
竹园镇	6	2	1	3
朋普镇	2	1	0	1
巡检司镇	3	1	1	1
西一镇	2	1	0	1
西二镇	2	1	0	1
西三镇	2	1	0	1
五山乡	2	1	1	0
东山镇	2	1	0	1
江边乡	3	1	1	1
合计	36	15	7	14

3. 城郊采摘园

采摘旅游的实质就是以瓜、果、蔬菜、花、茶等农产品为主要采摘对象，以体验采摘过程为主题展开的体验型旅游活动。基于对城郊采摘园的建设背景分析，选择产业基础好、交通便利的城乡接合部的水果种植基地，通过提高采摘园的基础设施和旅游服务设施建设水平，增加旅游服务项目，弘扬农耕文化和地域文化，打造优美的田园风光，满足城市居民亲近自然、休闲度假需求。规划新建城郊采摘园 11 个，2017~2019 年新建城郊采摘园 5 个，2020~2022 年新建城郊采摘园 4 个，2023~2026 年新建城郊采摘园 2 个。城郊采摘园建设情况见表 6-6。

表 6-6　城郊采摘园规划建设表

单位：个

县（乡镇）	数量	2017~2019 年	2020~2022 年	2023~2026 年
弥阳镇	2	1	1	0
竹园镇	3	1	1	1
朋普镇	3	1	1	1
虹溪镇	2	1	1	0
西三镇	1	1	0	0
合计	11	5	4	2

第7章 城市森林生态文化体系建设

7.1 生态文明单位建设

7.1.1 建设现状

在弥勒市创建森林城市期间，规划建设弥勒市森林学校。森林学校是以森林资源景观可持续发展为目标，以森林景观保护和建设为重点，通过基础设施和资源保护等项目建设，为森林学校发展创造良好的条件。

7.1.2 建设目标

弥勒市近期新规划建设森林学校 5 个；中期规划建设森林学校至 8 个，其中新建设森林学校 3 个；远期规划建设森林学校至 10 个，其中新建设森林学校 2 个。

7.1.3 建设内容

在弥勒市的学校中，选择具有良好绿化基础及用地条件，历史文化悠久的学校建设森林学校。森林学校建设过程中，校园绿化覆盖率达到 50％以上，以乔木为主的绿地面积占校园绿地总面积的 75％以上。校园内呈现四季有花的景观效果。绿地管护良好，绿化树种设置明显的标识牌。在完善校园绿化的基础上，结合森林城市创建，开展森林文化进课堂，组建森林文化艺术团，评选森林校园小记者、森林校园小明星等活动，建设情况详见表 7-1。

表 7-1 弥勒市森林学校规划建设一览表

序号	学校名称	所在地区	建成时间		
			2017~2019 年	2020~2022 年	2023~2026 年
1	西山民族中学	西一镇	√		
2	古城小学	弥阳镇		√	

续表

序号	学校名称	所在地区	建成时间		
			2017~2019 年	2020~2022 年	2023~2026 年
3	弥勒市第三中学	虹溪镇	√		
4	弥勒市竹园中学	竹园镇			√
5	弥勒市朋普中学	朋普镇	√		
6	弥勒市弥阳镇第二小学	弥阳镇		√	
7	弥勒市育才小学	弥阳镇			√
8	弥勒市新一中学	西一镇	√		
9	庆来学校	西一镇	√		
10	温泉小学	弥阳镇		√	
合计			5	3	2

7.2 森林生态文化基础设施建设

7.2.1 建设现状

弥勒市内有许多可以开展森林生态文化活动的场所，其中部分场所已建设了宣教基础设施，并开展了丰富多彩的森林生态文化活动，但现有的森林生态文化活动场所需要进一步的加以利用，已建成的宣教基础设施需要进一步的完善，许多景观价值高的自然和人文景点还未建设森林生态文化宣教设施，有些重要的森林生态文化科普基地还需配备专业的工作人员。总体而言，弥勒市的森林生态文化基础设施建设水平有待提高。

7.2.2 建设目标

以传承弥勒市的优秀传统文化为基础，以发展繁荣生态文化为目标，完善或新建一批可以满足生态文化发展需求的文化场所，为群众提供学习、交流生态文化的场所，创建生态文化交流平台，开展生态文化教育，进行生态文化活动，传播生态文化，扎实做好生态文化活动场所的建设。

规划在创建森林城市期间，新建生态文化活动场所 5 处，建设弥勒生态文化科普教育基地 4 处，新建义务植树基地 6 处。

7.2.3　建设内容

1.　城市生态文化活动场所

根据弥勒市生态文化建设的具体需求，结合弥勒市的城市总体规划与文化发展需求，在新建的文化活动场所中，设置主题展区、宣传栏、主题雕塑、展台展柜等多种形式来普及生态文化，为市民提供了解文化、亲近文化、传承文化的平台。生态文化场所规划建设见表 7-2。

表 7-2　弥勒市生态文化场所规划建设一览表

序号	场所名称	所在地	文化主题	性质	规划期年限		
					2017~2019 年	2020~2022 年	2023~2026 年
1	民族文化博物馆	西三镇	民族文化	新建	√		
2	福地弥勒文化博物馆	弥阳镇	民族文化	新建	√		
3	名人会馆	弥阳镇	名人文化	新建		√	
4	石漠化植物标本馆	朋普镇	森林文化	新建			√
5	湿地公园展览馆	巡检司镇	湿地文化	新建	√		
合计					3	1	1

2.　生态文化科普教育基地

依托弥勒市的森林公园、风景名胜区、综合公园、专类公园等载体，建设生态文化科普教育基地。通过积极完善和建设科普宣教设施，不断强化城市森林的科普教育功能，为公众提供了解自然、认识自然、热爱自然的场所。规划在创建森林城市期间建设弥勒生态文化科普教育基地 4 处，大力宣传弥勒的生态文化和历史文化，普及森林、湿地、野生动物知识，弘扬生态文明的主题，每年开展生态科普教育活动(表 7-3)。

表 7-3　弥勒市生态文化科普基地建设一览表　　　　　　　　　　　　　单位：hm²

序号	场所名称	所在地	建设规划	性质	规划期年限		
					2017~2019 年	2020~2022 年	2023~2026 年
1	湖泉生态园生态文化科普教育基地	弥勒市弥阳镇	133.33	新建	√		
2	云南吉成园林苗木生态文化科普教育基地	弥勒市弥阳镇大树村委会	66.67	新建		√	
3	锦屏山生态文化科普教育基地	弥勒市弥阳镇章保村委会	43.53	新建	√		
4	竹园珍稀植物园生态文化科普教育基地	弥勒市竹园镇竹园林场	2.00	新建			√
合计			245.53		176.86	66.67	2.00

3. 义务植树基地

结合弥勒市全市实际，深入开展形式多样的全民义务植树活动，丰富全民义务植树的尽责形式，提高义务植树尽责率，使居民切实感受到"身边增绿增美"的成效，推动义务植树运动不断深入发展。建设义务植树示范基地，基地内每年开展至少一次形式多样的植树活动，并聘请党政领导、先锋模范、社会名流来基地义务植树，并结合"青年林""巾帼林""劳模林""党员林""共建林"等主题开展植树活动。

至规划期末，弥勒市新建义务植树示范基地 6 处，2017~2019 年新建义务植树示范基地 3 处，建设地点在西二镇、五山乡、巡检司镇；2020~2022 年新建义务植树示范基地 2 处，建设地点在西一镇、东山镇；2023~2026 年新建义务植树示范基地 1 处，建设地点在新哨镇。义务植树示范基地建设情况见表 7-4。

表 7-4　弥勒市义务植树示范基地建设一览表

序号	建设单位	名称	建成时间		
			2017~2019 年	2020~2022 年	2023~2026 年
1	西二镇	西二镇义务植树基地	√		
2	五山乡	五山乡义务植树基地	√		
3	巡检司镇	巡检司镇义务植树基地	√		
4	西一镇	西一镇义务植树基地		√	
5	东山镇	东山镇义务植树基地		√	
6	新哨镇	新哨镇义务植树基地			√

7.3　森林生态文化保护与传播

7.3.1　建设现状

对全市范围内的古树名木进行了普查，掌握全市古树名木的基本信息。对重点保护古树采取了必要的复壮措施，并于 2016 年 12 月委托西南林业大学编制《弥勒市古树名木保护规划》。2017 年 2 月，弥勒市启动市树、市花评选法定程序，正在制定市树市花的评选方案。

7.3.2　建设目标

积极开展古树名木保护、绿地认建认养和义务植树活动。面向市民开展创森宣传，传播生态文化知识。向公众普及自然科学和社会科学的知识，传播科学思想，弘扬科学精神，倡导生态文明。根据国家森林城市创建要求，应围绕创森目标与内容，每年至少 5 次，在影响较大的环境主题日或者其他具有特殊意义的时间，组织开展形式多样的科普活动。至规划期末，弥勒市将建立文化队伍 12 支，每个乡镇各 1 支。其中 2017~2019 年，新建文化队伍 4 支；2020~2022 年，新建文化队伍 4 支；2023~2026 年，新建文化队伍 4 支。积极向市民开展创森宣传，提高市民对创森活动的认知，争取市民对创森工作的理解和支持，到 2019 年，创建国家森林城市的知晓率与满意度均达到 90％以上。

7.3.3　建设内容

1. 古树名木保护

(1)古树名木应当标明树种、学名、科属、树龄、级别以及养护单位或者责任人；有特殊历史价值和纪念意义的，还应当在古树名木生长处竖立说明牌作介绍。

(2)设立古树名木保护专项基金，使市内的古树名木得到很好的养护。通过多种形式向社会公众宣传保护古树名木的意义和作用，提高市民的保护意识，鼓励社会各界参与古树名木的养护与管理。

(3)古树名木养护责任单位或者责任人应当按照市住建局和林业部门制定的古树名木养护管理技术规范，管护好古树名木；古树名木受害或者长势衰弱，养护责任单位或者个人应当立即报告，必要时，按照住建局和林业部门的要求进行抢救、治理、复壮。

(4)破坏古树名木和古树名木标志，应当给予治安处罚的，由公安机关依据《中华人民共和国治安处罚管理条例》进行处罚；构成犯罪的，由司法机关追究其刑事责任。

2. 绿地认建认养

为倡导绿色文化，弘扬生态文明，提高弥勒市民爱绿护绿的意识，提升城市的文明形象，充分调动社会各界参与城市绿化建设的积极性，动员市民积极开展城市绿地认建、认养、认管活动。目前，弥勒市的林木绿地认建认养活动刚刚起步，规划在本次创建国家森林城市期间，出台《弥勒市城市林木绿地认建认养管理办法》，建立起林木绿地认建认养机制，鼓励社会各界以投资、捐款、认建、认养等多种形式参与城市绿化建设和养护管理，依靠社会力量和资金巩固绿化成果，促进生态文化保护。绿地认建认养应遵循以下原则：

(1)认建认养范围：单位或个人。

(2)认建认养形式：①认养单位或个人直接负责绿地养护、保洁和建设、管理工作，并监护花木花草及设施不受破坏；②以资代劳，委托专业绿化部门进行建设和管理。

(3)认建认养办法：由自愿要求认建认养绿地的单位或个人向绿地管理单位提出申请，并签订协议，明确双方的责任和权利。

(4)认建认养的监督管理：市绿化主管部门负责日常认建认养树木及绿地监督管理，定期或不定期开展检查，确保认建认养质量。

3. "市树、市花"

"市树、市花"的选择应充分考虑以下两个方面：

(1)应充分考虑弥勒市的地域特征和植物的适应性。由国内多地的市树、市花评选结果来看,各地的乡土植物在所有市树、市花中数量占有了绝对的优势,而其中观赏性状优良的植物种类更是成为市树、市花的首选。乡土植物是长期自然选择和适应性进化的结果,自然也能够最大限度地适应当地气候特征和代表当地的地域特点。

(2)具有一定的历史文化内涵,能够代表弥勒市的形象。市树、市花所代表的文化内涵是文化层面的贡献。中国古典园林经历了数千年的发展,其贡献之一就是以植物为丰富的文化信息载体来强调所谓的"象外之象,言外之意",也就是通过物化自己的内心情感、哲理体验和链接独特的形象联想来实现。在中国传统文化里,植物是人格美、品德美、心灵美的象征,也可以是修身养性的参照。而创造这种独特的物我关系的基础工作之一就是让群众对相关文化乐于接受并耳熟能详,才能借助于群众的力量和行动来继续深化这种内涵。

综上所述,考虑到既要充分体现弥勒市绿化的特色,适应不同绿地的需要,还要能体现出亚热带植物的特色,建议弥勒市选取清香木作为"市树",刺桐花作为"市花"。

清香木($Pistacia\ weinmannifolia$)为灌木或小乔木,叶片翠绿富有光泽,枝繁叶茂,耐修剪,萌发力强,生长缓慢,寿命长,病虫害少,具有独特的芳香气味,可塑性强等特点。清香木色形精致,生长缓慢,但树形优美,木质坚硬,因其环保、原生态、无污染、香气清幽宜人,成为很好的园林绿化云南乡土优势树种。还具备耐干旱瘠薄、根系发达、抗逆性强等优点,是干热河谷地带造林绿化先锋树种。因其寓意美好,民间又多把清香木视为神树、吉祥树、龙树。清香木有淡雅、奉献之寓意,淡雅即清高拔俗、清新雅致、清静幽雅,可体现弥勒市佛教文化"色即是空"之清、"上善若水"之静;奉献即贡献、捐献、献身,可寓意弥勒市佛教文化"拥有一颗无私的爱心,便拥有了一切"的贡献、仁慈。清香木与佛教的渊源同弥勒市的佛教文化珠联璧合,有利于弥勒地域文化的传播。

刺桐花($Erythrina\ variegata$)为落叶大乔木,高约 20m,干皮灰色,具圆锥形皮刺,花期 3 月。荚果呈念珠状,种子红色。刺桐又名"瑞桐",代表吉祥如意。其花色鲜红,花序长,远远望去,一只只花序就如一串串熟透了的辣椒,明艳可人。也因此,刺桐花有着红红火火、富贵吉祥、欣欣向荣的寓意,代表着人们对美好未来的期望。而弥勒文化与弥勒佛本身就有着一定的渊源,弥勒佛在佛教中是未来佛,由于人们对佛祖的精神特别崇尚,在他身上寄托着无限希望和期冀,由此形成了独具特色的一种文化现象。而"弥勒文化"是因由对弥勒的信仰以及对弥勒精神的崇尚而形成诸多文化现象的总和。刺桐花所象征的寓意正好反映出了弥勒市各族人民欣欣向荣、热爱生活的精神面貌,同时其"吉祥如意"的花语也彰显着创建福地弥勒的美好希冀。

规划期间,应加大市树、市花的推广力度,充分挖掘市树市花的文化含义和影响力,大力举办摄影展、绘画展等形式多样的宣传活动,增强市民植树种花、爱绿护绿的意识。

4. 文化节事

弥勒市境内有汉、彝、傣、苗、回、壮等 21 个民族,少数民族人口占全市总人口的 43.6%,是典型的多民族聚居地。弥勒市具有浓郁的民族风情和独特的自然风光。应将生态文化与纪念性活动、民族文化活动、文艺演出活动、科普活动、经贸旅游活动有机结合，丰富生态文化的内涵，突出弥勒生态文化的特色，展现弥勒生态文化魅力。一方面继续保护和推进已有的文化节事活动，扩大其规模和影响力；另一方面结合林业产业的发展积极挖掘弥勒潜在的生态文化，依托企业举办"核桃节""红酒节""葡萄节"等特色节日(表7-5)，通过演出、展览、采摘等活动，结合特色文化资源，不断壮大生态文化产业，展示弥勒生态文化特色风貌。

表 7-5　弥勒市文化节事一览表

序号	节事名称	文化类型	时间
1	阿细跳月	民族文化	每年一次
2	阿细祭火	特色文化	每年一次，农历二月初三
3	傣族泼水节	民族文化	每年一次，农历三月初七
4	彝族姑娘节	特色文化	每年一次，每年的春节后
5	苗族花山节	民族文化	每年一次，5月1日前后
6	核桃节	特色产业文化	每年一次
7	红酒节	特色产业文化	每年一次
8	葡萄节	特色产业文化	每年一次，3月

5. 科普教育活动

(1)积极开展义务植树活动。在植树节期间，国家机关、社会团体、企事业单位组织职工义务植树。

(2)围绕创森主题，开展各种生态知识讲座，内容包括森林生态文化、防火安全、常见植物与珍稀植物的识别、野生动植物保护等，提高市民，尤其是青少年的环保意识，加深市民对创森活动及创森理念的了解。

(3)开展"爱鸟周"活动。弥勒市境内主要的鸟类有猫头鹰、昆雉鸡、白腹锦鸡、啄木鸟、鹧鸪、黑颈长尾雉、竹鸡、灰喜鹊、画眉、海鸥、野鸭、白鹭等。为了更好地保护这些鸟类，在每年的4~5月初选择一周为爱鸟周，在爱鸟周期间向公园、广场、学校等公共场所发放和张贴爱鸟宣传画，提高市民爱鸟护鸟意识，组织中小学生到湿地保护区、湿地公园或湖泊等地进行观鸟活动。

(4)每年举办"世界防治荒漠化和干旱日"宣传活动。弥勒市是典型的岩溶地区，对弥勒来说荒漠化则表现为石漠化。由政府牵头，全市各单位参与，集中开展石漠化防治宣传活动。

6. 创森活动宣传

利用传统新闻媒体和新媒体加强宣传(表7-6)。广泛介绍弥勒市创建国家森林城市的目的意义、方法步骤及工作进展，扩大创森工作的知名度；以新媒体为交流平台，收集弥勒市民对创建国家森林城市的意见和建议，增强与民众的交流，集思广益地做好创森工作；在弥勒市林业网开设专栏或专题，及时更新创森工作的新闻和动态，大力宣扬和倡导生态文化。

　　为森林文化爱好者搭建广阔交流的平台，加强生态文化建设的交流。发挥弥勒市现有的专业文艺队伍的作用，提高文艺工作者对生态文化产品的理解，增强对文化产品的情感认同。在森林公园、湿地公园、风景名胜区、自然保护区所在社区中，通过选拔、培训、上岗的方式，建立稳定的生态文化宣传志愿者队伍体系。

　　至规划期末，弥勒市将建立文化队伍 12 支，每个乡镇各 1 支。其中 2017~2019 年，新建文化队伍 4 支；2020~2022 年，新建文化队伍 4 支；2023~2026 年，新建文化队伍 4 支(表 7-7)。

表 7-6　弥勒市各种宣传活动一览表

序号	宣传活动	数量/日期	备注
1	创森主题宣传片	1 部	市内各级电视台、电台
2	"南盘江岸绿珠　红土高原福地"书画摄影展	每年一次	全市参与
3	创森公益广告	6 条/年	市内各级电视台、电台播放，每条每次计划播放一周
4	创森专题网站	1 个	弥勒市林业网下挂子网
5	创森报纸专栏	1 期/季	弥勒市各大报纸
6	论坛、展会	2 次/年	关于生态文化、创森、环保等
7	交通工具、标语	1 月/年	主要出入口、公交车站、机场、客运站、火车站等悬挂张贴
8	创森宣传手册	50000 份	全市发放
9	创森相关时讯或文章	20 则/年	各级平面媒体与电子媒体上发表

表 7-7　弥勒市文化队伍建设分期规划表

序号	乡镇名称	建成时间		
		2017~2019 年	2020~2022 年	2023~2026 年
1	东山镇	√		
2	虹溪镇	√		
3	江边乡	√		
4	弥阳镇		√	
5	朋普镇		√	
6	五山乡		√	
7	西二镇			√
8	西三镇			√
9	西一镇	√		
10	新哨镇		√	
11	巡检司镇			√
12	竹园镇			√
总计		4	4	4

7. 文化产品工程

近年来弥勒市文学作品创作稳步发展，如《竹园的金秋》《彝山果景》《苗山秋色》等作品集中反映了弥勒市当地的风土人情和自然风光，从文学方面加大了对弥勒市的宣传，加深了读者对弥勒市自然风光的向往。创森期间，积极引导和鼓励弥勒本土作家在文学作品创作中融入生态文化；引导林业工作者与专家学者携手创作生态文化专著，提升弥勒市的生态文化水平，市林业局制作创森特刊，印发全市各机关单位、学校、企业、社会团体、基层党组，进一步提高社会各界人士对林业生态建设的认识，形成全社会参与创森活动的良好氛围。在全市范围内组织开展以创森为主题的文学作品创作活动，号召广大市民关注生态文化并提出对生态文化的理解，抒发对生态文化的热爱。

规划在创森期间，面向全社会征集创建森林城市的宣传标语，提高创森认知度。举办主题突出、内容丰富的文艺汇演活动，通过汇报演出、节事表演、文艺下乡等方式，扩大生态文化知识的普及范围，让全市人民在欣赏节目的同时，接受生态文化的熏陶；由市政府牵头，组织广大生态文化爱好者深入挖掘生态文化的内涵，进入森林、湿地保护区，感受生态建设成果，创作出更多关于生态文化的作品。

8. 解说系统规划

基于森林城市建设布局，在空间范围内，将解说系统以"一核多片"为主，"百廊千家"为辅进行规划建设。

1) "一核多片"解说系统规划

(1) "一核"解说系统规划

城市建成区的解说系统主要是构建整体性强、风格统一且能凸显弥勒市文化特色的解说系统。重点在城市建成区现有的各类公园、景观大道以及慢行道中建设。通过文字、图形、符号的形式构成的丰富的视觉图像系统，在满足环境解说基本功能的同时，使解说系统融入城市大环境当中。

(2) "多片"区域解说系统建设

在创建森林弥勒的总体布局中。"多片"包含城市森林公园、湿地公园、自然保护区、风景名胜区等，并力图整合现有森林、湿地等资源，建设形成品位高、设施全、服务优的生态旅游、生态产业和生态文化基地。基于这一规划目标，该区域解说系统以科普性、趣味性为侧重点进行规划设计，在增强旅游吸引力、提升旅游体验的同时，塑造各具特色的生态科普文化。

森林公园、风景名胜区。对公园内植被类型和珍稀动植物种类、分布、生长习性、生产价值、环境价值、观赏游乐价值开展系统全面的介绍，是该区域解说系统最重要的功能。森林公园、风景名胜区环境解说系统，应紧扣自然教育的主题，设置景点解说标志牌、动植物介绍标识牌、建设森林步道、森林教室、展览室(表7-8)，解说系统应极具视觉吸引力、趣味性强、适合多年龄层次体验，增强森林旅游的带入感和参与感，丰富游客的生态体验和科普性认知。

表 7-8　森林公园、风景名胜区环境解说设施建设

建设地点	建设项目	建设内容	建设进度		
			2017～ 2019 年	2020～ 2022 年	2023～ 2026 年
锦屏山风景区、太平湖森林公园、拖白山森林公园、云峰山石漠化森林公园、东山万亩华山松森林公园、金顶山森林公园、点江森林公园	导览标识系统	完善景区内导览标志牌，标识设施布局，设施样式与景区环境相融合且富于特色(按需设置)	√		
	植物知识解说标识系统	为主要游步道、景园周边乔灌木进行挂牌(≥200 块)；为珍稀植物、古树名木设置立式解说牌(≥10 块)；进行图文并茂的植物科普知识展示(立式解说牌/展板/宣传栏≥10 处)	√		
	森林动物解说标识系统	为景区内常见、珍稀鸟类、哺乳动物、昆虫设置图文并茂的解说标牌(≥10 块)		√	
	森林生态知识解说标识系统	地带性森林生态系统相关知识设置图文并茂的解说标牌(≥10 块)	√		
	森林保健知识解说标识系统	设置介绍森林对人体健康的影响、各种保健因子作用机理、不同植物保健效果等知识的解说标牌，指导人们进行森林康养活动(3～5 块)		√	
	多媒体/互动解说设施建设	部分解说设施采用多媒体技术(如鸟鸣解说牌)，设置部分面向儿童和青少年的寓教于乐的互动式自然教育解说牌(≥10 块)		√	
	森林步道、森林教室	结合森林公园资源，建设健身休闲步道(≥1条)，创设开展森林生态文化教育、手工制作等活动的森林教室(≥1 处)		√	

湿地公园解说系统规划。湿地公园的环境解说系统建设应突出湿地的环境教育功能，除上述森林公园中提到的实施外，还需要增设一些自然观察设施，如观鸟台、望远设备等(表 7-9)。

表 7-9　湿地公园环境解说设施建设

建设地点	建设项目	建设进度		
		2017～2019 年	2020～2022 年	2023～2026 年
湖泉湿地公园、甸溪河湿地公园	湿地生态系统科普解说标识≥5 处	√		
	湿地动、植物解说牌≥20 块(图文并茂解说牌≥5 块)	√		
	湿地环境保护提示牌≥15 块	√		
	湿地主题生态文化艺术雕塑 1～3 处		√	
	湿地环境教育中心(科普展览、活动)1 处；展示面积>200m²		√	
	自然观察设施(望远镜/指导标识/观鸟屋)		√	
	新媒体服务平台(网站/App/微信公众号，发布公园活信息、游览导览、科普知识等)	√		

2)"百廊千家"解说系统规划

(1)"百廊"解说系统规划

百廊以铁路、高速公路、国道、省道、县道、城市主干道和主要河流水系为骨架，

在市域范围内形成林路、林水相依，贯通城乡的生态廊道网络。该区域范围内的解说系统以简洁明快的形式为主，根据周边的森林资源、景区景点资源进行环境解说并按需设置。

（2）"千家"解说系统规划

该区域环境解说系统以体验式为主，通过发掘农耕文化、民俗文化、森林生态文化，进行独具乡村田园风格的环境解说系统设计，吸引游客参与到体验式乡村旅游中来，以寓教于乐的方式让人们了解农业生产知识、植物知识。让解说系统不仅成为一道靓丽的风景线，也成为乡村休闲运动的另一种生态体验设施（表7-10）。

表 7-10　乡村环境解说设施建设

建设地点	建设项目	建设内容	建设进度		
			2017～2019 年	2020～2022 年	2023～2026 年
弥勒市各（县）乡镇	导览标识系统	完善各乡村导览标志牌，标识设施布局，设施样式与乡村周边环境相融合且富于特色（按需设置）	√		
	村屯宣传栏	对乡村概况、特色文化做宣传展示（立式解说牌/展板/宣传栏≥5 处）	√		
	景观小品	体现乡村或农业生产文化的景观小品（雕塑）（≥2 处）		√	
	当地特色农产品介绍牌	对当地特色农产品相关知识设置图文并茂的解说标牌（≥10 块）	√		
	体验互动解说设施建设	利用农业用具或农作物，设置部分面向儿童和青少年的寓教于乐的互动式自然教育解说设施（≥5 处）			√

第8章　城市森林支撑保障体系建设

8.1　林业有害生物防治

8.1.1　建设现状

"十二五"期间，弥勒市坚持"预防为主，科学治理，依法监管，强化责任"的方针，进一步加强森林病虫害的监测和预报工作，加大对森林病虫害的检疫和防治力度，坚持对调运的木材、苗木核发森林植物检疫证书，积极组织开展森林病虫害工程治理。2011年以来，全市实施森林病虫害防治面积 6807.66hm²，实施种苗产地苗木检疫367.5876 万株，调运检疫木材 38950m³、苗木 957.8599 万株。有效地遏制了全市森林病虫害的大面积发生和蔓延。但各乡镇森防能力发展不均衡，专业水平尚待提高；林业有害生物防控经费来源少，投入不足；药剂库、实验标本室等装备保障水平总体不高，不利于应对林业有害生物的突发事件发生。

8.1.2　建设目标

依据"预防为主，科学治理，依法监管，强化责任"的防治方针，进一步完善"监测预警、检疫御灾、防治减灾"三大林业有害生物防治体系和重大灾害应急保障体系建设，推进社会化防治工作进程，全面提升弥勒市林业有害生物防治水平，保障城市森林健康与区域生态安全。全面加强林业有害生物防治检疫工作，减少林业有害生物灾害损失，保护全市生态安全。

至 2019 年，全市林业有害生物成灾率控制在 0.06% 以下，无公害防治率达到 85% 以上，测报准确率 85% 以上，种苗产地检疫率达到 98% 以上。到 2022 年，全市林业有害生物成灾率控制在 0.05% 以下，无公害防治率达 97%，测报准确率达 97% 以上，种苗产地检疫率 100%，主要有害生物常发区监测覆盖率达到 100%。

8.1.3　建设内容

1.　监测预警预报系统建设

按照林业有害生物监测预警预报工作的要求，多措并举扎实开展好全市林业有害生物监测预警预报工作。根据第三次林业有害生物普查成果，发布林业有害生物发生趋势预报，提出更加合理的防治措施。加强镇村基层测报点建设，重点建设 7 处乡镇测报站，每个测报站配专职监测员 1~2 人；同时，按照 15 个自然村设 1 个监测点和每 5000 亩片林设 1 个监测点的标准，在森林资源相对集中地点建立 120 个基层监测点，并配备必要的监测设备。对有害生物的监测预警不留死角和盲区，不断提高监测覆盖率，做到早发现、早治理。

2.　检验检疫体系建设

按照因地制宜，因害设防，分类施策，突出重点，带动全面的原则，建设由检验检疫机构、除害场所设施、检疫信息系统组成的林业有害生物检疫封锁体系。健全、完善林业有害生物的防治检疫体制。完善林业有害生物检疫制度。加强检疫防治队伍建设，完善现有森防站的基础设施建设。增加检疫哨卡，完善现有森林植物检疫哨卡的基础建设，设专门的检验检疫人员负责对进出弥勒市的植物及植物产品中的微生物、线虫、昆虫、杂草等有害生物进行检验检疫。

3.　防治减灾服务体系及重大灾害应急保障体系建设

根据弥勒市林地的特点，落实地方政府与土地所有者在有害生物防治工作中的责任，切实将监测预报工作落实到相关责任人，落实到山头地块。严格执行林业有害生物事件报告制度，做好信息报送工作。将林业有害生物防治措施纳入造林设计及森林经营方案，大力营造混交林，科学配置造林绿化树种，推广良种壮苗和抗性树种，禁止使用携带检疫性、危险性林业有害生物的苗木造林，规划在 2019 年末，弥勒市成立 1 支防治队，队伍人员 7~10 人，负责弥勒市的林业有害生物防治工作。加强药剂与药械库的建设，森防站购置 50 台背负式机械喷雾机、100 台杀虫灯、50 台喷烟机等设备。森防站存放 50t 常用必需药剂于各药剂库。

4.　加强宣传力度和基层防治体系建设

为了实现群防群治、联防联治的良好局面，应充分利用电视、播音、报纸等宣传媒介，对《森林病虫害防治条例》《植物检疫条例》及其实施办法进行综合有效的宣传。不定期为基层森防员开展森防知识讲座与培训，普及林区病虫害的科学防治知识，提高基层人员对林业有害生物危害的严重性和防治的必然性的认识，增强他们对林业有害生物的识别能力，做到及时发现，及时报告，及时防治，将林业有害生物所造成的损失降到最低。

5. 林业有害生物防控重点工程

着力提升监测预警、检疫御灾、防控减灾综合能力。到 2019 年在监测预警体系建设上配置 6 套 PDA 数据采集和传输系统，在检疫御灾体系建设上配置一套松材线虫分子鉴定系统 PCR 仪、检疫执法专用车辆 3 辆，在入境通道和重要路口建立和完善检疫检查站 4 个，配置检疫追溯系统设施设备 3 套，在防治减灾体系建设上配置通信系统和应急体系基础设施设备 4 套、完成 4 个防治示范站基础设施建设并达标，购置防治设施设备 3 批。防治一类有害生物森林鼠害 $3000hm^2$、松小蠹类 $6000hm^2$、松墨天牛 $6000hm^2$，二类有害生物松叶蜂类 $4000hm^2$、核桃病虫害类 $17000hm^2$、其他病虫害 $8300hm^2$。

8.2　森　林　防　火

8.2.1　建设现状

弥勒市十分重视森林火灾预防工作，全市投保政策性森林火灾保险 $154400hm^2$，保费合计 278.28 万元。"十二五"期间，建立健全森林防火行政首长负责制，签订责任书 126958 份，组建了市、乡森林消防专业队 22 支，配备专业消防队员 270 人，与"十一五"期间相比，火情减少了 13%，卫星热点减少了 61%，受灾面积得到大幅下降，实现了无重大森林火灾和人员零伤亡。但还存在森林防火队伍建设滞后、快速反应能力差、一些基层森林防火机构人员和编制不足、离基层扑火装备与扑大火、防大火的要求还有一定差距等问题。这些问题仍然制约着弥勒市森林防火工作的发展。

8.2.2　建设目标

坚持贯彻"预防为主，积极消灭"的森林防火工作方针，强化监督，严格管理，依法治火，科学防火。通过建设森林防火远程监控系统、生物防火林带、森林防火道路、瞭望台、通信系统、物质装备、扑火队伍，不断提高森林防火标准化、规范化、信息化、科学化水平；加强森林防火指挥中心和预警监测信息中心的正规化建设，充分利用现代科技防御森林火灾，建立科学有效的森林防火体系，全面提高综合防火能力，达到森林防火与多效益的高度统一，实现森林防火科学化、体系化与现代林业建设一体化。

8.2.3　建设内容

1. 全面落实森林防火行政领导负责制

根据《云南省森林防火条例》规定，强化森林防火行政领导责任制，各级领导要参与研究部署、检查落实等工作，亲自到火场组织扑救工作。市森林防火指挥部要认真履行职责，做好扑火救灾的应急保障工作，检查督促挂钩乡镇和国有林场的防火工作。不断完善和执行行政首长负责制、重点火险区责任人公示制度、行政问责制度、森林火灾责任追究制度、森林防火风险抵押金制度。市政府继续将森林防火工作纳入全市综合目标考核，并将责任制的落实情况作为干部考核和奖惩的重要依据之一。

2. 完善森林火情监测体系

强化预警监测，着力提升火灾处置能力，要加大火情监测的范围和密度，充分发挥地面巡逻、高山瞭望、智能监控的作用。

地面巡护：规划新建地面巡护点 30 个，对来往人员及车辆、野外生产和生活用火进行检查和监督。在无法进行地面巡护的地区，采用视频监测来弥补。

瞭望台监测：按照我国《森林防火工程技术标准》（LYJ 127－91），两座瞭望塔之间 20～40km 距离的要求，原有瞭望塔 18 座，新建瞭望塔 6 座，改造提升瞭望塔 8 座，使弥勒市瞭望塔林火观测覆盖率达到 100％。

智能监测系统：由视频监控及应急指挥信息网络平台两部分组成，通过运用现代化科技手段建设森林防火视频监控、智能预警、辅助决策及应急指挥系统，实现弥勒市森林防火工作的科学化、标准化、信息化和专业化。

3. 林火阻隔系统建设

弥勒市的林火阻隔系统主要包括生物防火林带和物理防火林带的建设。

生物防火林带：严格按照《森林防火工程技术标准》（LYJ 127－91）等相关技术规程和规定，建设生物防火林带，使全市生物防火林带组成封闭系统，保证一定的密度，占有足够的面积，打破被保护林分的连片性，有效防止林火蔓延。

物理防火林带：物理防火林带既是林火的阻隔带，又可作为林区的交通线，对于保证迅速输送灭火人员、灭火工具到达火灾现场，迅速扑灭森林火灾具有重要的意义。物理防火林带主要以连接林区断头路为主，新建为辅。

4. 加强完善森林防火扑救体系建设

森林防火扑救体系建设包括：林火扑救装备管理系统、森林扑火队伍建设、森林防火信息指挥系统。

林火扑救装备管理系统：依据国家《森林防火物资储备库工程建设项目标准》，合理布局各级物资储备库。规划消防水池建设（50～100m³）12 处，新增消防水车 4 辆，每支队伍应配备运兵车 1 辆，配备以水灭火装备和消防扑火机具。每个队员配备 2 套扑火阻燃服、作训服、登山鞋以及挎包、水壶、头盔等扑火装备。

森林扑火队伍建设：始终坚持"预防为主、积极消灭"的方针，立足于严格把控火情的目标，新建专业扑火队伍、半专业扑火队伍和群众扑火队伍。充分发挥专业人员与非专业人员的优势，为每位扑火队员配备相应的通信设备、扑火设备。

森林防火信息指挥系统：弥勒市森林防火信息指挥系统采用地理信息技术，结合林业防火的专业知识与经验，配合各网点视频监控系统，构建弥勒森林防火信息传递与交流的平台，实现森林火灾的早发现、早控制、早消灭，避免重大的财产损失。

5. 森林防火宣传教育工程建设

深入广泛开展森林防火宣传。建设报刊、电视、网络各类信息渠道防火宣传专栏（专辑、公益广告）数量 10 个，森林防火宣传牌 300 个。用多种形式对全民进行森林防火科普知识、火灾扑救和安全避险知识的教育，开展先进单位和个人事迹的宣传与森林火灾的警示教育，结合普法教育，组织开展森林防火法律法规的培训。

6. 森林公安"三基"建设

森林公安处在林业、公安行业的交汇点，身份特殊。要加快基础设施建设步伐，截至 2026 年，新建森林公安指挥中心 $200m^2$，增配警用设施设备 60 台，警用车 6 辆，刑侦器材 30 台。

7. 森林防火科技研究

逐步建立森林防火研究机制，要在坚持本地各种行之有效的防火技术研究的同时，还要研究生物防火技术和防火林带及天然防火阻隔体系有机配套工程。除了掌握和推广先进的扑火技术外，同时还要有的放矢，研究符合本地情况的森林火灾发生的时间、地区、气象、地形、危险人群年龄比等各种规律及各种地形的扑火技术的应用（表 8-1）。

表 8-1 弥勒市森林防火提升建设规划表

建设内容	建设性质	规划时间		
		2017～2019 年	2020～2022 年	2023～2026 年
(一)森林火险预警监测系统				
1. 森林火险预警系统				
火险要素监测站/个	新增	1	2	1
可燃物因子采集站/个	新增	1	2	1
手持气象站/个	新增	1	2	1
2. 瞭望监测系统				
视频监控系统/套	新增	1	2	1
瞭望塔/个	新建	2	2	2
检查站/个	新增	1	2	1
高倍望远镜/个	新增	1	2	1
卫星电话/个	新增	2	3	2
红外探测仪/台	新增	2	2	1
(二)防火阻隔系统建设				
防火林带/km	新建	20	30	20

建设内容	建设性质	规划时间		
		2017~2019 年	2020~2022 年	2023~2026 年
防火隔离带/km	种植阔叶林带	10	20	15

(三)森林防火信息化建设

1. 森林防火通信系统

建设内容	建设性质	2017~2019 年	2020~2022 年	2023~2026 年
手持台/台	新增	1	2	1
视频传输系统/套	新增	1	2	1
小型通信车/辆	新增	0	1	1

2. 森林防火信息指挥系统

建设内容	建设性质	2017~2019 年	2020~2022 年	2023~2026 年
大屏幕显示系统/套	新增	1	—	1
投影系统/套	新增	1	2	1
电视/台	新增	1	2	1
MCU/台	新增	2	3	3
视频终端/台	新增	1	2	1
综合调度台/台	新增	1	2	1
防火墙/套	新增	—	1	—
防病毒软件/套	新增	—	1	—
防火业务软件/套	新增	—	1	—
指挥中心面积/m²	新增	60	50	—
会议音响系统/套	新增	1	1	1
中央控制系统/套	新增	—	1	—

(四)森林消防队伍及装备能力建设

1. 标准化专业森林防火队伍

建设内容	建设性质	2017~2019 年	2020~2022 年	2023~2026 年
专业防火队/队	新增	2	2	3
专业防火人数/人	新增	20	20	30

2. 队伍装备

建设内容	建设性质	2017~2019 年	2020~2022 年	2023~2026 年
消防水车/辆	新增	2	1	1
运兵车/辆	新增	1	2	1
工具车/辆	新增	2	3	2
油锯/台	新增	20	30	—
以水灭火机具装备车辆/辆	新增	2	4	2
水龙带/m	新增	20	30	15
移动水池/个	新增	2	4	2
细水雾灭火机/台	新增	2	4	2
接力水泵灭火系统/套	新增	2	4	2

续表

建设内容	建设性质	规划时间		
		2017~2019 年	2020~2022 年	2023~2026 年
割灌机/台	新增	2	4	2
消防水池建设/个	新增	2	4	2
移动水泵/台	新增	2	4	2
风力(水)灭火机/台	新增	2	3	1
野外炊具/套	新增	2	4	2
防潮褥垫/个	新增	50	50	—
急救包/个	新增	2	4	2
便携帐篷/个	新增	50	50	—
3. 基础保障				
营房/个	新增	1	2	2
训练场/个	新增	—	2	1
扑救演练基地/个	新增	—	1	1
物资储备库/个	新增	1	2	2
(五)森林防火宣传教育工程建设				
宣传车/辆	新增	1	1	—
宣教设备/套	新增	1	1	—
防火宣传专栏 (专辑、公益广告)数量/个	新增	3	4	3
森林防火宣传牌/个	新增	100	150	50
(六)森林公安"三基"建设				
森林公安指挥中心/m²	新建	40	100	60
警用设施设备/台	新增	20	30	10
警用车/辆	新增	2	3	1
刑侦器材/台	新增	10	10	10

8.3　科　技　支　撑

8.3.1　建设现状

弥勒的林业科学研究主要依托西南林业大学、云南大学、云南农业大学、云南省林科院、云南省林业职业技术学院等科研院所和州属林业科研机构,多年来,围绕立地造林、石漠化治理、森林培育、丰产技术中的瓶颈问题,在弥勒市的生态建设、石漠化治理关键技术、矿区植被恢复、良种培育、经济林丰产、林木深加工、可再生资源利用等方面取得了显著的成绩。

目前，弥勒市在林业科技支撑方面依然存在科技创新能力不强、技术储备不足、科技成果转化周期长、转化率偏低、效益补偿机制不完善、广大农民利用新成果、新技术营造林的积极性不高等问题。

8.3.2　建设目标

结合弥勒林业发展特点，加强林业试验示范基地、数字林业等基础平台建设，提升林业科技装备水平和利用效率。加强林业应用技术研究，推动弥勒创新发展。完善林业标准体系，加大林业先进实用技术推广力度，提高科技成果转化率和贡献率；加大人才培养和引进力度，加强对各级林业干部和林业科技人员的培训，强化科技队伍建设，提高林业建设者整体素质。

8.3.3　建设内容

1. 加强林业科技人才队伍建设

林业可持续发展与人才培养息息相关，要进一步加大对弥勒市林业科研机构的资金投入力度，完善科研设施，建设科研交流平台，大力引进与培养科研人才。在城市森林建设中，要加强基础和应用、森林与环境关系、森林可持续经营等方面的研究，提高城市森林建设的持续创新能力。

2. 明确林业科研重点，加强科技创新和科技成果转化

依托林业重点工程，开展林业生态保护和修复技术研究，突破制约林业生态发展的关键技术难题。以创新带动全市林业发展，形成独特的林业发展模式，提高林业生产水平。进一步促进林业科技成果转化，将科技成果转化为现实生产力，形成地方特色产业。

3. 加强与科研机构的交流，完善科研平台建设

科学规划，实施林业科研平台建设，加强与州内外、省内外科研机构的交流，吸纳更加专业的人才为弥勒市林业可持续发展做贡献，促进弥勒林业创新发展。

4. 优良品种选育

在创森期间，弥勒市依托红河州林业科研机构和省内科研院所，加快华山松、云南松、杉木、核桃等造林树种、经济林树种良种选育，加强优良种质资源的保护与利用，开展珍稀树种的驯化、繁育技术研究与应用推广。

5. 推进林业技术推广

以科技示范和技术服务为核心，围绕弥勒林业生态建设和林业产业发展的现实需要，

通过集成创新，全面提升全市林业科技水平。建立健全以林业科技推广站为主，以林业科研院所、高校和涉林企业为辅的林业技术推广体系。完善服务体系，不断加大林业技术推广，大幅提升弥勒林业科技水平。

8.4　林业信息化建设

8.4.1　建设现状

"十二五"期间，建成了弥勒林业网，基本形成了集林业应用、信息发布、便捷查询等功能于一体的一站式网络服务体系。不断推进林业系统办公信息化、无纸化、高效化的进程，实现内部办公信息共享。基本建成了比较完善的"数字林业"体系，林业信息化工作有了较好的基础，可以较好地服务于创建国家森林城市的各项活动。

8.4.2　建设目标

建立覆盖全市林业行业的信息化系统，建成省内先进的林业信息化平台，实现资源信息共享，提供全面、快捷、准确的信息化服务，增强公共决策支持和应急处理能力，重点加强"互联网＋"，打造"互联网＋林业"发展新模式。到 2026 年，全面实现林业信息化，形成健全的林业信息化管理和运行机制，形成科学、先进的林业信息化安全及标准体系并普遍运用。

8.4.3　建设内容

1. 网络建设

通过建设市乡两级林业部门网站，建立统一的应用发布窗口，提供完善的服务。推进网上办公，整合系统，促进资源共享，提高办事效率。

2. 数据库建设

通过采集、交汇、汇集、存储等手段建立各类林业资源数据库。确定数据库的建设重点，优先建设林业基础数据库。加强数据标准化提升和整合，提高信息采集和更新能力，支撑林业信息共享和服务，提高空间数据库管理能力，保障各级信息的一致性、完整性和可靠性。规划至 2026 年，建设森林生态廊道数据库、湿地资源空间数据库、林业产业数据库、森林生态文化工程数据库、有害生物防控数据库和林木种苗数据库。

3. 基础设施建设

基础设施建设要与林业数据中心建设相结合。规划至 2019 年市林业局配备高性能存储器 1 台，1 套服务器，用于支撑森林城市信息化。及时传递和推广林业科技新成果、新技术、新方法，交流林业生产和科学研究经验，宣传普及科学技术知识，报道国内外城市森林建设动态和科技进展，组织疑难问题解答及科技专家咨询。

8.5　林政资源管理

8.5.1　建设现状

弥勒市林政资源管理部门以林政执法和规范管理为手段，在政策宣传、林地管理、林木采伐、木材运输、木材经营加工管理等方面取得了显著成绩。"十二五"期间，弥勒市乱砍滥伐林木和乱挖滥占林地的现象得到有效遏制。五年来，共受理林业行政案件810 件，处罚 820 余人次。

8.5.2　建设内容

为进一步提高全市的林政资源管理水平，保障创森工作顺利开展，全面提升林业发展水平，市林政资源管理部门要坚持以建设完备的森林生态体系、发达的森林产业体系、繁荣的森林文化体系为重点，加快提高林政管理工作水平。

1. 完善用地审批制度

完善使用林地的定额控制、现场勘验、协议补偿、专家评审、信息公开、监督管理等各项制度。依法办理林地审批手续，积极开展林地前置性审批试点工作，简化林地占用、审批手续。

2. 规范集体林权流转

进一步确保林地使用权和林木所有权落实到农户，确立农民的经营主体地位，保护农民的承包权利。加快建立健全林权流转市场，为林权流转提供综合服务。

3. 加强林木采伐管理

积极开展林木采伐管理改革试点，在原有的经验基础上，简化采伐管理环节，简化集体林木的采伐作业设计和审批管理手续。加强采伐检查监督，严格执行伐前设计、伐中监督和伐后验收制度。

4. 加强木材运输管理

完善木材运输制度，严把木材流通关，杜绝非法采伐木材进入市场流通，加强对木材经营加工的监管。

5. 加强森林资源调查与监测

创新宣传手段，向公众大力宣传林业法律法规知识。加强全市森林资源调查与监测工作，建立全市森林资源及林权动态管理系统。

第9章 效益分析

森林城市建设，将有效改善城市生态环境，在保持城市碳氧平衡、吸收有害气体、滞尘降尘、驱菌灭菌、降低噪声、改善城市热岛效应等方面产生巨大的生态效益；同时，森林城市建设将有效提升城市的形象和品位，丰富城市文化内涵，增强城市吸引力，从而提升城市综合实力和竞争力，优化城乡产业结构，促进就业，产生巨大的社会效益；森林城市建设还将通过经济林果、苗木花卉、生态旅游等绿色产业发展创造可观的经济效益。

9.1 生态效益

在森林生态学研究的基础上，结合云南省和弥勒市城市生态环境背景特征，选取与弥勒市有关的森林生态系统服务功能价值评价指标，构建适合弥勒市的城市森林生态系统服务功能价值评估指标体系。该体系包括净化大气(提供负离子、滞尘、吸收污染物、降噪)、涵养水源(调节水量、净化水质)、保育土壤(固土、保肥)、固碳释氧(固碳、释氧)、生物多样性保护和积累营养物质(林木积累氮、磷、钾、有机质)等6项功能15个指标。采用2008年4月28日国家林业局发布的《森林生态系统服务功能评估规范》(LY/T 1721—2008)，综合运用生态学、经济学理论等方法，对弥勒市境内森林生态系统生态服务功能进行评估和分析，揭示森林生态系统巨大的公益性环境功能，从而为生态环境保护与可持续发展提供可靠的科学依据。

生态效益货币化采用市场价值法、影子工程法以及实际发生费用调查法等进行估算。弥勒市2016年和2026年的城市森林生态服务功能总价值分别为1175979.95万元和1679971.3万元(表9-1)。

表9-1 弥勒市城市森林生态系统服务功能价值量

项目	分类	汇总/万元	
		2016年	2026年
提供负氧离子	—	686.68	980.96
吸收污染物	吸收二氧化硫	5162.08	7374.40
	吸收氟化物	90.70	129.58
	吸收氮氧化物	106.83	152.61
	吸收总金属	417.03	595.75
	价值合计	5776.64	8252.34

续表

项目	分类	汇总/万元	
		2016 年	2026 年
降低噪声	—	4200.23	6000.32
滞尘	—	98816.58	141166.54
固碳释氧	固碳	3853.90	5505.57
	释氧	85979.27	122827.53
	价值合计	89833.17	128333.1
涵养水源	调节水量	694895.73	992708.18
	净化水质	220612.79	315161.13
	价值合计	915508.52	1307869.31
保育土壤	固土	339.29	484.69
	保肥	6720.26	9600.36
	价值合计	7059.55	10085.05
积累营养物质	—	1594.60	2278.00
生物多样性保护	—	52503.98	75005.68
总价值	—	1175979.95	1679971.3

9.2　经　济　效　益

城市森林的经济效益是与其生态效益相关联的，其实质就是生态效益与社会效益在经济上的量化。随着弥勒市城市森林建设的大力推进，其生态环境必然逐渐改善，为弥勒市经济发展提供巨大的承载力和弹性空间，并产生巨大的直接经济效益和间接经济价值。

9.2.1　直接经济效益

城市森林的直接经济效益是进行物质生产，如生产木材、果品等，为社会提供丰富的产品，特别是花卉和苗木已经成为许多城市周边地区的支柱产业，为其经营者带来可观的经济收入。同时，城市森林以生态、休憩、观赏等价值为目标，为城市环境中的居民提供回归大自然的途径，提供优质的室外环境。所以城市森林的经济功能主要体现在对城市环境改善所带来的经济效益以及生态功能带来的能源节省。

9.2.2　间接经济效益

随着经济的发展，环境问题的凸显，使人们更加关注发展中的环境代价。城市森林建设形成的间接经济效益远高于直接经济效益，主要包括发挥调节气候、固碳释氧、保持水土、净化环境和保护生物多样性等生态功能使治理环境成本减少，绿地的存在所带来的商业销售增值，以及相关绿色产业的发展等，所产生的经济效益尤为可观。

促进森林游憩发展：森林游憩是以森林为主体，具有地形、地貌特征和良好生态环境，融自然景观和人文景观于一体，经科学保护和适度开发，为人们提供休闲娱乐、科学考察及科普、度假、休疗养服务，位于城市区域的户外游憩活动。弥勒市在城市森林建设过程中，通过新建和扩建森林公园、湿地公园等生态游憩场所，使森林生态旅游产业发展迅速。此外，弥勒城区的各类城市公园、休闲绿地等众多生态游憩绿地也是市民们日常休闲、游憩、健身的主要场所，为人们提供了康体、娱乐、休闲、交流的绿色开敞空间，有益于人们的身心健康，发挥着城市森林的社会服务效益。

带动相关绿色产业发展：城市森林建设可催生"绿化经济链"，将城市生态环境的改善转换为经济优势，从而带动周边地区苗木花卉、绿色果蔬、特种经济动物繁育、林产品加工制造、生态旅游等现代林业产业的快速发展，对弥勒市林业、农业、旅游业等行业的绿色发展起到巨大推动作用，同时也促进城市周边区域经济的发展和农民致富增收。

9.3　社　会　效　益

通过森林城市建设，能够提供就业机会、优化投资环境、促进城乡协调发展、改善人居环境、增强生态意识，从而丰富城市文化内涵，增强城市吸引力，提升城市的形象品位和综合实力。

9.3.1　提供就业机会

弥勒森林城市建设重点工程的实施，可以为当地居民提供大量直接就业机会，这在一定程度上可以缓解农村劳动力出路问题。此外，项目开展后将直接带动餐饮、购物、旅游服务业的发展，从而带来间接的就业机会，有助于维持社会稳定，为构建和谐社会做出贡献。

9.3.2　优化投资环境

弥勒森林城市建设各项工程完成后将形成良好的生态环境，改善市域生态状况，丰富生态文化内涵，提升城市品位，优化投资环境，从而扩大对外开放，促进国际国内的经济、技术合作，为更多更好地引进资金、人才、技术服务。

9.3.3　促进城乡协调发展

森林城市既是城市自身发展的需要，也是城乡统筹发展的重要一环。森林城市各项重点工程在实施时均需要大量的苗木，首先将使种苗花卉业被带动起来。其次，森林质量的全面提高必将促进城乡的森林文化、生态旅游业的全面、全方位发展，从而带动相关多个经济部门和行业的发展，如交通运输业、邮电通信业、建筑业、工商业、餐饮娱乐业以及文化教育、财政金融业等。总之，森林城市建设工程必将带动全市各项事业协调发展，促进富民强市战略早日实现，增加地方税收，带动和促进城乡经济全面可持续发展。

9.3.4　改善人居环境

森林城市建设将进一步提高城市森林资源质量，显著增加以森林公园为主的生态休闲游憩地面积，为本市乃至周边城市和居民构建良好的生态屏障，提供更多更好的生态休闲场所，从而提高人们的生活质量，促进城乡居民身心健康，有利于减少医疗保健的社会成本。与此同时，在项目建成后，将有效地抵御自然灾害，减少或缓解暴雨、泥石流、干旱、森林火灾、森林病虫害等自然灾害对人民生命财产的威胁。

9.3.5　提高社会公众的生态意识

森林文化休闲工程作为生态文明建设的重要载体，对促进森林文化的传播有重要意义。在其工程实施的过程也是一个宣传教育的过程，通过项目建设，有效地提高项目区广大干部群众的生态建设意识、环境保护观念，同时也培养和锻炼一大批林业专业技术人员，提高他们的专业技术水平和管理能力，也使林业的社会地位得到提升。

第10章 保障措施

弥勒市委、市政府把森林城市建设作为开展生态文明建设、增强城市综合竞争力，提高城市宜居水平，实现城市绿色发展的重要举措，通过多年积累特别是开展森林弥勒和三年城乡绿化攻坚行动以来，弥勒市生态建设成效明显，绝大部分指标特别是量化指标已接近或超过国家森林城市的指标要求。为进一步落实好森林城市建设总体规划，稳步推进各项建设，需要在组织、资金、制度、科技、人才、宣传等方面提供有力的支撑。

10.1 组织保障

各级党委、政府要充分认识到森林城市建设对于弥勒市绿色发展的重要性，以创建国家森林城市为抓手，把弥勒市城市森林建设工程纳入中心工作。为切实加强国家森林城市建设工作的组织领导，成立由市委书记为指挥长，市长为常务副指挥长，市委副书记、副市长为副指挥长，市有关部门和乡镇党政主要负责人为成员的国家森林城市创建指挥部，指挥部下设办公室，具体负责创建国家森林城市日常工作及全市创建国家森林城市的协调、监督、指导，办公室主任由林业局局长兼任。各乡镇和市各有关部门要按照全市的统一要求，成立相应工作机构，落实责任部门，制定实施方案，分解工作任务，精心组织重点工程的实施，形成"高位推动、部门联动、上下互动"的组织模式。

在国家森林城市创建指挥部的统一部署下，按照《国家森林城市》评价指标体系的要求，将森林城市建设纳入《弥勒市国民经济与社会发展十三五规划》，科学规划实施各项工程。要建立绿化部门与国土、住建、交通、水务、环保等有关部门之间以及有关部门与乡镇之间的协同配合机制，减少部门之间、城乡之间在绿化过程中的矛盾和不协调现象，细化分解建设任务，明确相应主责机构，整合资源，形成合力，做到组织领导到位、工作部署到位、责任落实到位、政策资金到位，努力形成党委政府统一领导、部门密切协作的工作格局。

森林城市建设实行城乡互动的部门分工责任制。各职能部门和乡（镇、街道）在总体规划基础上结合各自实际工作制定具体实施方案。各职能部门主要职责如下：

（1）城区绿地建设项目由住建局负责，包括建城区的公园绿地、附属绿地、生产绿地、防护绿地和其他绿地的建设。

（2）城市郊区的森林建设工程由林业局和国土资源局负责。

（3）绿廊建设工程中公路、铁路、水岸两侧林带建设，分别由交通局、发改局、水务局等部门负责。

(4)森林生态文化建设工程由林业局、住建局和旅游局等部门负责。

(5)湿地保护工程由林业局和水务局负责。

(6)村屯林木绿化建设工程由其所属乡镇政府负责。

(7)林业产业建设工程由林业局和农业局负责。

(8)市树市花和树木绿地认建、认养、认管,由住建局负责。

(9)古树名木保护工程由住建局和林业局负责。

此外,工程管理及生态监测网络建设,由森林城市创建指挥部办公室、林业、住建、环保、水电等部门按各自管辖范围负责。加强全市林业、农业、水利、交通、环保、规划、住建、旅游以及各文化宣传部门等相关部门的协调与配合,城乡一体,统一规划城市绿化和郊区林业发展,减少城区内外绿化过程中的矛盾和不协调现象,形成统一的绿化和林业投资体系、规范管理体系和综合执法体系。

10.2　资金保障

加大公共财政对森林城市建设的资金投入。要多渠道筹集资金,加大对森林城市建设的财政支持,把公益林建设、管理和主要的基础设施建设投资,纳入各级政府的公共财政预算体系,按照事权划分原则,建立公益性绿化以政府投入为主,商品林以社会投入为主的投资机制。围绕规划提出的发展目标和任务,进一步落实各项林业扶持政策,促进现代林业持续发展。积极落实生态补偿政策,落实完善生态补偿制度的法律保障,逐步实现生态补偿标准化、管理规范化。

进一步整合现有林地资源,制定更加优惠的鼓励开发政策,探索建立融资平台,以多方位吸纳资金,按照"谁开发投入、谁所有受益"的原则,鼓励跨行业、跨地区、跨部门投资发展林业,使各种所有制林业在市场竞争中发挥各自的优势,相互促进,共同发展;鼓励通过企业与社会团体捐款、冠名赞助和个人、社会团体认种、认养等灵活多样的形式,创新社会办林业的路子。进一步扩大林业的招商引资和对外开放,积极创造条件吸引外资、社会资金投入林业建设。

吸引有一定经济实力的企业和业主投资弥勒城市林业建设,把城市林业发展的投资者和森林资源的受益者合二为一。鼓励企业投资建设有一定规模的现代林业产业园、森林庄园、森林人家、生态观光园、生态文化创意园和森林公园,通过对园区内农民集中安置,置换土地部分收益用于绿化建设和惠民产业发展建设。

建立国家森林城市建设基金,专款用于公益性项目建设。资金由弥勒市绿化委员会统一接收和管理国内外非政府组织、社会团体、企业和个人对林业建设的捐赠,依据有关法律法规专款专用,扶助重点林业工程建设。明确规定项目资金的使用范围,实行专款专用,独立核算。

10.3　制　度　保　障

贯彻落实《中华人民共和国森林法》《中华人民共和国防沙治沙法》《中华人民共和国野生动物保护法》《中华人民共和国自然保护区保护条例》《中华人民共和国城市绿化条例》《城市绿线管理办法》《云南省珍贵树种保护条例》《云南省陆生野生动物保护条例》《云南省森林消防条例》《云南省绿化造林条例》。以行政规范性文件审核备案为抓手，规范文件制定和行政决策程序，健全重大行政决策规则；以深化行政审批制度改革为动力，认真执行行政许可法，进一步规范和减少行政审批，推进政府职能转变和管理方式创新；以执法人员持证上岗和资格管理制度为重点契机，加强行政执法队伍建设，全面提高执法人员素质；以完善行政执法体制和机制目标，规范行政执法行为，加大行政执法力度，严厉查处乱砍滥伐、滥捕乱猎、滥采乱挖、滥垦乱占等破坏资源和环境的违法案件。

10.4　科　技　保　障

森林城市建设必须强化科技新引领、拓宽发展新模式、培育发展新动力，推动大众创业、万众创新，用创新驱动引领森林城市建设不断攀上新水平。组织实施"林业科技创新驱动发展战略"，重点攻克在林业种业创新、生态建设、森林培育、林下经济开发、产业转型升级等领域技术的瓶颈，提升现代林业建设的支撑能力。面向世界科技前沿、聚焦国家"一带一路"、生态安全等战略目标，积极落实国务院有关加强林业工作的重大部署，凝练重大科技需求，为林业科技重大创新奠定坚实基础。通过林业科技创新平台建设工程，完善林业科技服务平台和林业信息数字化服务平台，健全林业科技推广网络，加快科技成果转化，提高林业科技贡献率。建成城市森林数据库，实现城市森林资源管理及工程实施的查询与管理。建成林业灾害监控与应急系统、林业产业发展与林业经济运行系统和生态文化与教育培训系统。

10.5　人　才　保　障

林业建设点多面广线长，任务繁重，条件艰苦，机构队伍建设十分必要。强化林业行政管理机构职能，统一行使对森林、湿地、荒漠和野生动植物等自然生态系统的保护与修复职责。明确基层林业工作站的公益属性，解决好身份编制问题。改善基层工作和生活条件，稳定林业基层生产、技术、管理队伍，提升林业队伍整体素质。深入实施林业"百千万人才"工程，多渠道引进和培养高水平专业技术和经营管理人才，建立高层次人才库。加强林业职业教育，完善基层林业专业技术人才继续教育体系，加快实施专业技术人才知识更新工程，激励人才向基层流动、到一线创业，优化基层森林经营人才配置机制。

10.6　宣　传　保　障

弥勒市创建国家森林城市需全社会共同参与。各部门、各单位要充分承担责任，发挥作用，积极支持并参与国家森林城市创建工作。宣传部门要通过电视宣传片、电视专栏、党报党刊专栏、宣传画册、工作简报等各种宣传媒介和渠道，将创森宣传纳入公益宣传范围，在全市范围内开展不间断、高频度宣传。定期向社会公布创森工作的阶段性成果，确保公众对国家森林城市建设的支持率和满意度。林业和住建等部门结合城乡绿化工作、重点林业生态工程及林业产业和林业执法等，重点宣传城乡绿化工作的服务和支撑作用，更加强化"建设森林弥勒是山区农民群众脱贫致富奔小康的希望之路、必由之路""绿水青山就是金山银山"等重大林业发展理念；大力宣传传统林业向现代林业转变的理念，深入宣传林业供给侧结构性改革中的成功做法和经验，不断推出和宣传先进典型；大力宣传生态体系建设成就，集中宣传湿地保护、石漠化治理、农村能源建设、森林经营、良种培育等工程，为启动新的林业重点工程创造舆论条件；突出宣传热爱林业、献身林业、建设林业和维护生态安全的先进人物事迹，以先进典型树立弥勒林业奋发向上的形象。通过宣传发动，鼓励和引导社会力量自觉自愿地履行保护生态环境的责任和义务，积极参与生态文明和森林弥勒建设，形成政府主导、社会参与、多元投入、协力发展新格局，努力实现林业生态建设全社会共享共建，确保创森工作取得实效。

主要参考文献

巴雪艳. 生态文明建设视阈下的云南森林城市建设研究［J］. 保山学院学报，2017，36(06)：1-8.

程红. 试论基于生态文明建设的国家森林城市创建［J］. 北京林业大学学报(社会科学版)，2015，14(02)：17-20.

但新球，但维宇，程红，等. 新形势下我国森林城市发展展望［J］. 中南林业调查规划，2017，36(04)：62-66.

古琳，王成. 中国城市森林可持续经营现状及发展对策［J］. 中国城市林业，2011，9(05)：1-4.

何武江，王艳霞，王拥军. 辽宁省森林城市建设的进展与成效［J］. 中国林副特产，2017(02)：69-70.

何志高，陈依妮. 生态建设提质调优走好"绿色道路"［J］. 林业与生态，2017(10)：5-7.

贾宝全，王成，邱尔发，等. 城市林木树冠覆盖研究进展［J］. 生态学报，2013，33(01)：23-32.

赖泓宇. 生态学视角下国家园林城市、国家森林城市和国家生态园林城市关于两大基础性绿化指标的探讨［A］//中国风景园林学会. 中国风景园林学会 2016 年会论文集［C］. 中国风景园林学会：中国风景园林学会，2016：1.

李曙光. 我国城市林业建设对策和措施［J］. 科技创新与应用，2013(30)：279.

李新平，李文龙. 森林城市的研究进展［J］. 山西林业科技，2011，40(02)：33-36+50.

廖理达. 基于国家森林城市创建的株洲市森林碳汇效益分析［D］. 中南林业科技大学，2015.

刘德良. 中外城市林业对比研究［D］. 北京林业大学，2006.

刘宏明. 我国森林城市建设的对策分析［J］. 中国城市林业，2017，15(06)：52-54.

刘某承. 李文华院士：从生态学到可持续发展［J］. 中国农业大学学报(社会科学版)，2015，32(01)：2.

刘召君. 浅谈我国城市林业发展中存在的问题及改进对策［J］. 才智，2012(26)：262-263.

罗罡波. 株洲市郊区森林自然度评价研究［D］. 中南林业科技大学，2016.

马立辉，方文，张静，等. 山地型森林城市建设总体规划分析［J］. 中国城市林业，2012，10(04)：40-42.

马梦璇. 基于国家森林城市建设的通化市城市森林评价研究［D］. 中南林业科技大学，2016.

彭军. 城市森林建设"重庆模式"研究［D］. 西南大学，2010.

彭镇华. 中国城市林业新展望［J］. 中国城市林业，2011，9(03)：1-3.

彭镇华. 中国城市森林建设——在中欧城镇化与城市森林建设国际研讨会上的主题报告［J］. 中国城市林业，2013，11(06)：5-7.

邱尔发，王成，贾宝全，等. 国外城市林业发展现状及我国的发展趋势［J］. 世界林业研究，2007(03)：40-44.

田业强. 基于国家森林城市创建的株洲市城区生态绿地体系研究［D］. 中南林业科技大学，2013.

王成，郄光发，彭镇华. 有机地表覆盖物在城市林业建设中的应用价值［J］. 应用生态学报，2005(11)：209-213.

王成. 城市森林创造最普惠的公民生态福利［J］. 林业与生态，2014(11)：17-19.

王成. 关于中国森林城市群建设的探讨［J］. 中国城市林业，2016，14(02)：1-6.

王成. 国外城市森林建设经验与启示［J］. 中国城市林业，2011，9(03)：68-71.

王成. 近自然的设计和管护——建设高效和谐的城市森林［J］. 中国城市林业，2003(01)：44-47.

王井，范大整，刘少强，等. 国外森林城市建设的经验与启示［J］. 现代园艺，2016(20)：227.

王晓磊，王成. 城市森林调控空气颗粒物功能研究进展［J］. 生态学报，2014，34(08)：1910-1921.

王晓娜. 生态文明视域下的城市林业法律制度创新研究［D］. 中南林业科技大学，2016.

王艺璇. 江苏省常州市森林城市建设总体规划研究［D］. 北京林业大学，2016.

王钰萌. 打造森林城市推动林产共兴［J］. 中国林业产业，2016(10)：30-31.

王志涛. 城市林业发展探讨［J］. 青海农林科技，2013(04)：37-39+58.

温全平. 城市森林规划理论与方法［D］. 同济大学，2008.

吴后建，但新球，程红，等. 中国国家森林城市发展现状存在问题和发展对策［J］. 林业资源管理，2017(05)：14-19+119.

吴澜，吴泽民. 欧洲城市森林及城市林业 [J]. 中国城市林业，2008(03)：74-77.

吴孟诗. 珠三角森林城市群评价指标体系构建与应用 [D]. 华南农业大学，2016.

吴卓珈. 城市林业的研究进展 [J]. 林业科技，2008(05)：67-70.

伍昱丰. 生态旅游发展与厦门城市森林建设研究 [D]. 福建农林大学，2016.

肖英. 基于"两型"城市构建的长沙城市森林研究 [D]. 中南林业科技大学，2010.

徐海韵. 生态城市建设与成都创建国家森林城市实践 [J]. 中华文化论坛，2009(02)：134-138.

徐学杰，马玉春，刘红虹，等. 昆明市森林管护分析与对策 [J]. 林业建设，2016(05)：1-6.

颜彭莉. 国家森林城市创建驶入快车道 [J]. 环境经济，2017(23)：14-16.

杨静怡，杨军，马履一，等. 中国城市绿化评价系统比较分析 [J]. 城市环境与城市生态，2011，24(04)：13-16.

叶伟，吴荣良，赖日文，等. 基于3S技术的森林城市景观结构分析 [J]. 中南林业科技大学学报，2015，35(01)：56-61.

叶智，郄光发. 中国森林城市建设的宏观视角与战略思维 [J]. 林业经济，2017，39(06)：20-22.

叶智. 生态文明、美丽中国与森林生态系统建设 [J]. 世界林业研究，2014，27(03)：1-6.

张衍. 北京市平原地区森林资源现状评价研究 [D]. 中国林业科学研究院，2016.

张庆费. 林学、生态学与园林学结合的有益探讨——读《城市景观中的树木与森林——结构、格局与生态功能》[J]. 园林，2012(07)：92.

张洋. 城市森林对林业经济发展的作用 [J]. 湖北经济学院学报(人文社会科学版)，2015，12(05)：27-28.

章滨森，谢和生，李智勇. 我国城市森林建设的发展与驱动研究 [J]. 浙江林业科技，2012，32(01)：76-80.

Anonymous. Urban Forestry；Research Results from Rhodes University Update Understanding of Urban Forestry [J]. Ecology，Environment & Conservation，2011.

Anonymous. Urban Forestry；Studies from University of Copenhagen Provide New Data on Urban Forestry [J]. Ecology，Environment & Conservation，2011.

Anup G，Rahul K，Rajesh B，et al. Peoples' perception towards urban forestry and institutional involvement in metropolitan cities：a survey of lalitpur city in Nepal [J]. Small-scale Forestry，2012，11(2).

Dhananjaya L，Hasta B T. Participatory urban forestry in Nepal：Gaps and ways forward [J]. Urban Forestry & Urban Greening，2012，11(2).

Frumkin H，Frank L，Jackson R. The public health impacts of sprawl [M]. Washington DC：Island Press，2004.

Introduction tourban and community forestry in the United States of America：history，accomplishments，Issues and Trends [J]. Forestry Studies in China，2003(04)：54-61.

Ivana Guduric，Jelena Tomicevic，Cecil C. Konijnendijk. A comparative perspective of urban forestry in Belgrade，Serbia and Freiburg，Germany [J]. Urban Forestry & Urban Greening，2011，10(4).

IvanaŽivojinovic，Bernhard Wolfslehner. Perceptions of urban forestry stakeholders about climate change adaptation – A Q-method application in Serbia [J]. Urban Forestry & Urban Greening，2015，14(4).

Yang J. Urban forestry in challenging environments [J]. Urban Forestry & Urban Greening，2012，11(2).

Rdberg D，Falck J. Urban forestry in sweden form a silvicultureal perspective：a review [J]. Landsc Urban Plan，2000(47)：1-18.

Rudolf S G，Matthew A W，Roelof M. et al. A typology for the classification，description and valuation of ecosystem functions，goods and services [J]. Ecological Economics，2002，41(3).

SerinaRahman. Johor's Forest City Faces Critical Challenges [M]. ISEAS – Yusof Ishak Institute Singapore：2017.

TatyanaV，Hans P R，Victor K，et al. Recreational use of urban and suburban forests affects plant diversity in a Western Siberian city [J]. Urban Forestry & Urban Greening，2016，17.

Thomas W G，Stephanie P，Shea B，et al. A time series of urban forestry in Los Angeles [J]. Urban Ecosystems，2012，15(1).

WangY F，Wang R. Study on the forestry industrial cluster in Muling city [P]. Information Systems for Crisis Response and Management (ISCRAM)，2011 International Conference on，2011.

Chen X L，Zhang J H．The analysis of forest land spatial distribution change in Wuhan city based on remote sensing ［A］//国际工学技术出版协会．Abstracts of International Conference on Material Science and Engineering（ICMSE 2016）［C］．国际工学技术出版协会：国际工学技术出版协会，2016：1．